Genişletilmiş 2. Basım

YERYÜZÜ GERÇEKTEN KÜRE VE UZAYDA MI?

Prof. Dr. Kenan Yıldırım

nobel

YERYÜZÜ GERÇEKTEN KÜRE VE UZAYDA MI?

Prof. Dr. Kenan Yıldırım

Yayın No.: 4742
Beşeri Bilimler No.: 502
ISBN: 978-625-397-065-9
E-ISBN: 978-625-397-066-6
Basım Sayısı: Genişletilmiş 2. Basım, Haziran 2022

Genel Yayın Yönetmeni: Nevzat Argun -nargun@nobelyayin.com-
Genel Yayın Koordinatörü: Gülfem Dursun -gulfem@nobelyayin.com-

Sayfa Tasarım: Leyla Kurt -leyla@nobelyayin.com-
Redaksiyon: Sergen Öz -sergen@nobelyayin.com-
Kapak Tasarım: Sezai Özden -sezai@nobelyayin.com-
Görsel Tasarım Uzmanı: Mehtap Bayraktar Asiltürk -mehtap@nobelyayin.com-

Kütüphane Bilgi Kartı

Yıldırım, Kenan.
Yeryüzü Gerçekten Küre ve Uzayda mı? / Kenan Yıldırım
Genişletilmiş 2. Basım, VI + 105 s., 13,5x19,5 cm. Kaynakça, dizin yok.
ISBN: 978-625-397-065-9
E-ISBN: 978-625-397-066-6
1. Düz Dünya 2. Küre Dünya 3. Yeryüzü 4. Uzay 5. Gökler

Genel Dağıtım

ATLAS AKADEMİK BASIM YAYIN DAĞITIM TİC. LTD. ŞTİ.
Adres: Bahçekapı Mh. 2465 Sk. Oto Sanayi Sitesi No:7 Bodrum Kat, Şaşmaz/ANKARA
Telefon: +90 312 278 50 77 - **Faks:** 0 312 278 21 65
Sipariş: siparis@nobelyayin.com- **E-Satış:** www.nobelkitap.com - esatis@nobelkitap.com
www.atlaskitap.com - info@atlaskitap.com

Dağıtım ve Satış Noktaları: Alfa, Kırmızı Kedi, Arkadaş, D&R, Dost, Kika, Kitapsan, Nezih, Odak, Pandora, Prefix, Remzi

Baskı ve Cilt: Meteksan Matbaacılık ve Teknik Sanayi Tic. Anonim Şirketi / Sertifika No.: 46519
Beytepe Köy Yolu No.: 3 06800 Bilkent-Çankaya/ANKARA

ÖN SÖZ

Meleklerin, Allah (c.c.)'ın Adem (a.s.)'i yeryüzüne halife tayin edeceğini belirtmesi üzerine yaptıkları itirazda "kan dökecek ve fesat çıkaracak" insan denen bir şeyin halife olmasına kendilerinin daha üstün olduğunu "seni hamdederek tesbih ve takdis ediyoruz" ifadeleriyle anlatmak istemişlerdi. Ancak Bakara suresi 31. ayette Allah (c.c.), eşyanın isimlerini bilenin daha üstün olacağını vurgulayacak şekilde meleklere hitap etmişti. Adem (a.s.) tüm eşyanın isimlerini Allah (c.c.)'ın izni ile bilmiş ancak melekler bu bilgiden mahrum olduğundan bilememişlerdi. Bu olaydan sonra Adem (a.s.)'in üstünlüğünü kabul etmişler ve onun halifeliğine itirazdan vazgeçmişlerdi. Burada, eşyanın ismi ile bir nesnenin vasıflarının, sıfatlarının ve özelliklerinin bilinmesi yani nesnelerin tanımlanması kastedilmiştir. Bu olay; nesneleri tanımlayanların üstün olduğunu, bu tanımlamayı kullananlar üzerine üstünlük sağlayacağını göstermektedir. Aslında Allah (c.c.)'ın bu sünneti her devirde vuku bulmuştur. Nesneleri ve olayları anlamlandıranlar, her zaman üstün ve belirleyici bir konumda olmuşlardır. Bu perspektiften bakıldığında yeryüzünü tanımlayanlar ve evreni tanımlayanlar, dünyaya hükmeder pozisyona yükseleceklerdir. 1543 yılında Kopernik'le başlayan süreç, aslında bilimsel bir aktiviteden çok dünyaya hükmetme çabasıdır. Hem Kopernik'in hem de Galileo'nun yer ve gökleri tanımlaması, yine seküler bilimin kabul ettiği bilim tanımına uygun bir tanımlama olmamıştır. Seküler sistemin bilim tanımına göre; gözlem ve deney yoluyla ispat edilmeyen hiçbir şey bilimsel olmadığı hâlde, hem Kopernik'in hem de Galileo'nun deney ve gözlemle ispat edemediği evren modeli teorisi her nasılsa bilimsel bilgi olarak kabul edilmiş. Yeri ve gökleri tanımlayan ona hâkim olur ve yeryüzünde onun egemenliği oluşur. Bunu keşfeden seküler sistem, kendi siyasi, ekonomik, kültür ve dinini yeryüzüne hâkim kılmak için öncelikle yaşadığı zemini (yeryüzü) ve çevresini (gökler -onların deyimi ile uzay-) tanımlamışlardır. Aslında İslam dininin peygamber aracılığı ile yeryüzüne hâkim olma sürecinde de Allah (c.c.) yeri ve gökleri tanımlamış, sonra uygulanacak hükümleri indirmiştir. Tanımlamasını başkasının yaptığı bir zeminde bir sistemin sürdürülebilir olmasına imkân yoktur. Artık 1543 yılında başlayan evren modelinin sorgulanması ve bu tanımlamanın izah edemediği durumların da açıklamasını yapabilecek yeni bir evren modelinin tanımlanması zamanı gelmiştir. Bu yeni evren modelini tanımlamadaki ilk kitap olması hasebiyle de söz konusu eserin önemi büyüktür. Bu eser ile birlikte yeni evren modellerinin düşünülmesi, tanımlanmış ve zamanımızda kabul edilmiş evren modelinin açmazlarının gözler önüne serilmesi ve ispatlanmamış bir evren modelinin eğitim sürecinde hiçbir delile dayanmaksızın, bilimsel bilgilerden uzak, bir inanç sistemi gibi insanlara kabule zorlanması gündeme geleceğine inancım tamdır. Bu evreni ve yeryüzünü kim tanımlarsa o hükmeder. Batı kaynaklı bu evren tanımlamasının gerçek olmadığının, evrenin yaratıcısının tanımlamasına uygun yeni bir tanımlaması yapılarak Müslümanların yeniden yeryüzüne hâkim olmasına öncülük edecek bir eser olduğu inancındayım. Bu kitap, basit bir düz dünya önerisi ve yerleşik evren tasavvurunda sadece uzay denen boşlukta yeryüzünün düz olduğunu savunan bir eser değil, yeni bir evren tasavvurunun yapıldığı, yeryüzü ve göklerin ve göklerdeki gök cisimlerinin yeniden tanımlandığı bir eserdir. Ayrıca bu eser, bu akımın ilk kitabıdır ve bu zemini, tavanı ve gökteki süsleri yaratan tarafından yapılan tanımlamalar ve isimlendirmelerin anlamlandırılması ile oluşmuştur. Bu isimlendirmeler; gözlem yoluyla elde edilen bilgiler ve geometrik ve optik hesaplamalarla ispatlanmıştır. Kitabı okuduktan sonra size öğretilenlerin sorgulanabilir olduğunu görecek ve yer ve göklerle ilgili bilgilerin bilimsel olmaktan uzak, eğitim sistemi aracılığı ile bir inanç sistemi gibi bize kabul ettirildiğine şahit olacaksınız. Size öğretilenleri sorgulamadan gerçeğe ulaşamazsınız. Amerika'yı yeniden keşfetme çabasına ve sürecine girmeyen herkes Amerika'yı keşfedenin gözüyle Amerika'yı anlamlandırır. Bu davranış kişiyi edilgen yapar, başkasının tanımlamasına boyu eğdirir ve yönetilir kılar. Kim Kopernik'in kitabını okudu, kim Galileo'nun teleskop maceralarını biliyor ve onun yazılarını okudu? Biz niye Kopernik ve Galileo'nun teorilerini ispat etmeye çalışıyoruz? Ya Kopernik yanılmışsa!

Yüksel Yeni

Araştırmacı/Yazar

Bursa

İÇİNDEKİLER

YERYÜZÜ GERÇEKTEN KÜRE VE UZAYDA MI?

ÖZET

Yeryüzü ve göklerle ilgili eskiden olduğu gibi günümüzde de birçok teori ortaya atılmıştır. Bu iki büyük nesne, insanların ilgisini çekmiştir. Vahyi doğruyu belirlemede temel ölçüt kabul eden ilim ehli de dâhil olmak üzere birçok bilim adamı, yeryüzü ve göklerle ilgili araştırma yapmışlardır. Bu iki nesne ile ilgili vahye dayalı din kitaplarında birçok bilgi verilmesinin yanında, birçok bilim adamının gözlem verileri ve teorileri de mevcuttur. Günümüzde Kopernik ile başlayıp Galileo ile devam eden varsayım ve gözlemlere dayalı teori kabul görmüş ve evrenin Güneş merkezli olduğu, yeryüzünün de diğer gezegenler gibi küre olup Güneş etrafında döndüğü varsayılmıştır. Yeryüzü ve gökler çok büyük nesneler olup insan, bu nesneler içinde yaşamaktadır. Bu iki büyük nesnenin sadece gözlem verileri eşliğinde optik ve geometrik kurallara göre tanımlanmaya çalışılması acaba ne kadar doğru, güvenilir ve kesin bir sonuç üretir.Bu tanımlamada yer ve göklerin bir parçası olmayan hatta bunların yaratıcısı olan biri tarafından yapılan açıklamalarda dikkate alınması gerekmez mi? Bu nedenle Kur'an ve diğer semavi kitaplardan Tevrat'ta geçen yeryüzü, gökler ve yaratılışla ilgili tanımlamalar, yeryüzü ve göklerin anlaşılmasında gözlem ve hesaplamalara göre daha güvenilir bir veri oluşturmaz mı? Bu kitapta Kur'an'ın yeryüzü ve göklerle ilgili verdiği bilgiler doğrultusunda Tevrat'ın destekleyici verileri de kullanılarak yeryüzü ve göklerin formlarının ne olması gerektiği tartışılacaktır.

Kopernik Teorisi

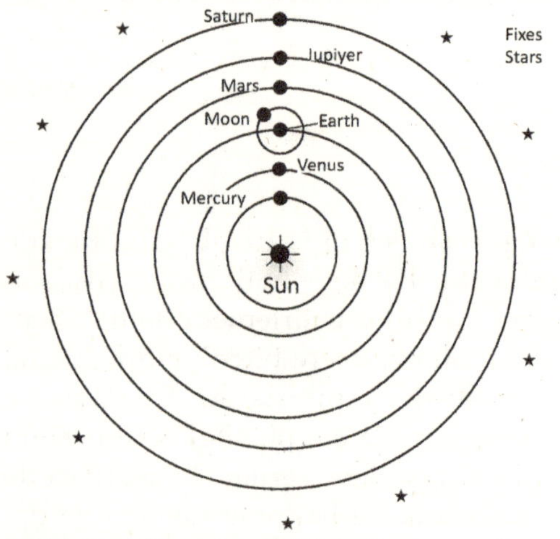

Şekil 1: Kopernik'in evren modeli (https://www.pas.rochester.edu/~blackman/ast104/ copernican9.html)

Yeryüzünün de bir gezegen olduğu ve Güneş sistemine dâhil olduğu Nicolaus Copernicus (Kopernik) tarafından önerilmiştir. Kopernik yazdığı[1] kitabında günümüzde de kullanılan yeryüzü ve gök (uzayda Güneş sistemi) modelini kurgulamıştır (Şekil 1). Kopernik, evrenin küre şeklinde olması gerektiği görüşünü, kürenin kusursuz olması, eklemesiz olması ve bir bütün olması fikrine dayandırmaktadır. Bu kanaatini İtalya'da görülmeyen bazı yıldızların Mısır'da görülmesi ve gemi güvertesinden görünmeyen bir kara parçasının gemi direğinden görünebilmesi, Güneş tutulmasının önce batıda görülmesi ve sonra doğuda görülmesi gibi gözlemleri ile de desteklemektedir. Evrenin küre olduğu kabulünden sonra da Güneş, yıldızlar, gezegenler ve son olarak da yeryüzünün küre olduğunu belirtmiştir. Heliocentric sistem olarak adlandırılan bu evren

[1] *De Revolutionibus Orbium Coelesti-um (On the Revo-lutions of the Heavenly Spheres)*, 1543 C.E., s.9-10

tasavvuru, esasen Yunan pagan değerlerinden beslenmektedir. Batı kültüründe Güneş anlamına gelen "sun", "solar", "solis" kelimeleri ile ilintilendirilerek değil de özellikle Heliosentrik "Güneş merkezlilik" şeklinde kavramlaşırken Helio ön ekinin tercihi de aslında bu evren tasavvurunu besleyen kök kültürü yansıtmaktadır. Yunan mitolojisinde Helio Güneş tanrısıdır. Her sabah şafak tanrısı Eos'un hazırladığı dört at tarafından çekilen altından arbasıyla Güneş etrafında dönmektedir. Bu pagan kültten beslenen kabul ile Heliocentric sistem kurgulanmıştır. Bu Güneş sistemi modelinde yeryüzünün Güneş etrafında döndüğü, yıldızların da sabit olduğu belirtilmiştir. Kopernik modelin hipotezini belirlemiş ancak bu hipotezin ispatına yönelik çalışmalar Galileo tarafından sürdürülmüştür. Galileo, yaptığı çalışmalar ile yeryüzü gibi diğer gezegenlerin de Güneş etrafında döndüğünü belirlemiştir.

Kopernik varsayımından önce 3 farklı varsayım kabul görmüştü. Bunlar;

1. Evrenin merkezinde yeryüzünün olduğu varsayımı,
2. Göklerde düzgün dairesel hareket varsayımı,
3. Gökte bulunan nesnelerin yeryüzünde bulunmayan nesnelerden oluştuğu varsayımıydı.

Aslında Kopernik 1. varsayıma karşı çıkmış olup 2. varsayımın modifiye edilmiş bir hâlini model olarak sunmuştur. Bu varsayımla aralarındaki temel fark ise yeryüzünün de diğer gezegenler gibi bir gezegen olduğunun kabulüdür.

Kopernik'in bu tezi 17. yüzyılda Kepler, Galileo ve Newton tarafından savunulmuş ve Heliocentric evren olarak kabul görmüş olup modern astronomi biliminin başlangıcı olmuştur.

Güneş merkezli sistemi ilk öneren Kopernik değildir, MÖ 200 yıllarında Aristarchus tarafından da önerilmiştir.

Günümüzdeki model ise Şekil 2'de verilmiştir. Bu model ile Kopernik'in önerdiği model birbirleri ile örtüşmekte olup sadece birkaç gezegen ilave edilmiştir. Bu ilave ise gelişmiş teleskopların kullanımı ile mümkün olmuştur. İlave edilen gezegenler ise Uranüs ve Neptün'dür. Kısa süre öncesine kadar Plüton da gezegen olarak kabul görmüş olmasına rağmen günümüzde gezegen olmadığı yönündeki deliller kuvvet kazanmıştır.

Şekil 2: Günümüzdeki Güneş sistemi modeli (https://spacerenaissance.space/)

Güneş Halesi ve Süper Ay

Şekil 3'te Süper Ay resimleri görülmektedir. Ay'ın küre geometrik şekle sahip olduğu rahatlıkla ayırt edilebilir. Ay'ın yüzeyinin bile fark edilebildiği bu büyük görüntülerin yanında Ay'ın önünde yabancı cisimlerin ve kuşların hareket ettiği de görüntülenebilmiştir. Ay neden bazı zamanlarda çok büyük olarak görünürken bazı zamanlarda küçük olarak görünmektedir. Neden Hilal, Yarım Ay ve Dolunay döngüsünde evreleri vardır. Neden bazı zamanlarda kızıl, bazı zamanlarda beyaz görünür. Hâlihazırda kabul edilen Heliocentric evren modeliyle açıklanabilir mi? Ay'ın yörüngesi ve büyüklüğü sabit ise bu değişimler neyle açıklanmaktadır. Modern bilim paradigmasında Ay'ın karanlık olduğu, ışıklı olmadığı verisi yer alırken neden Kur'an Ay'a nur (ışıklı) denmiş? Nuh suresi 16, Yunus suresi 5. ayetlerde Ay'ın nur olduğu açıkça beyan edilmiştir.

a b

Şekil 3: Süper Ay görüntüleri

(http://www.gazetevatan.com/yuzyilin-en-buyuk-super-ay-i-geliyor--1004526-dunya/)

Güneş halesinin oluştuğu görüntü ise Güneş'in, hakkında bildiğimizden daha başka sırlar içerdiği düşüncesini uyandırmaktadır (Şekil 4). Bu hale Nuh suresinin 16. ayetinin bir daha düşünülmesi gerektiğini gözler önüne sermiştir. Söz konusu şekilden ayrıca Güneş halesinin de çember şeklinde oluştuğu, elips şeklinde oluşmadığı fark edilebilir. Yeryüzünden çok büyük olan Güneş'in bu tip haleli görünmesi mümkün mü? Haleli görüntüye sebep olan bir uzay olayı mıdır? Yoksa bir atmosfer olayı mıdır? Güneş halesi neden aynı boylamdaki diğer yerlerde görünmedi de sadece Tokat'ta 45 dakika görüntülendi? Oluşan hale çemberinin kızıl-kahve olduğu, çemberde diğer renklerin oluşmadığı görülmüştür. Bu görüntü acaba Nuh suresinin 16. ayetinde Allah (c.c.)'ın siraç olarak tanımladığı Güneş'in ısı ve ışık kaynağı olmadığını mı bildiriyor. Gerçekten siraç ne demek? Kandil demek mi?, Yoksa başka anlamı var da bu kelime tevil mi edilmiş? Etimolojik incelemesi yapılmış mı? Hem kandil tek bileşenli bir nesne değil içinde ateş yanan bir fanus mu? O takdirde kandilin hangi kısmı siraç, fanus mu? Ateş mi? Eğer Allah (c.c.) Güneş'i kandil veya lamba olarak yaratmış ise Nur suresi 35. ayette olduğu gibi neden misbah kelimesini veya kemişkate kelimesini kullanmamış? Güneş ısı ve ışık kaynağı olsa idi kemişkate kelimesi veya misbah kelimesi daha uygun olurdu. Çünkü Allah (c.c.) kendi nurunu tarif ederken Nur suresi 35. ayette nurun kaynağını misbah kelimesini kullanarak izah etmiştir. Kur'an en mükemmel kitap olduğuna göre ve ışık kesici anlamındaki sıraç kelimesinin Güneş'in anlamlandırılması için kullanılmış olması düşünmeye değer olsa gerek. Eğer Güneş küre geometrik yapıya sahip ateş topu gibi bir şey ise Tekvir suresi 1. ayeti nasıl izah edeceğiz? Ayette Güneş'in dürülmesinden bahsediliyor. Kıyamet vakti Güneş'in dürüleceğini söyler yaratan. Top dürülür mü? Bir cisme dürülme eylemini uygulamak için cismin esneklik özelliğine sahip film veya plaka gibi yassı, yayvan ve düz olması gerekmez mi? Hem İstanbul'daki saraçhane ne oluyor, saraç ile siraç aynı kökten gelen Arapça kelimeler olduğuna göre saraçhanede kandil mi üretiliyordu?

Şekil 4: Tokat'ta görülen Güneş halesi (https://www.cnnturk.com/turkiye/tokatta-gorulen-gunes-halesi-ilgi-cekti?page=1)

Saraçhanede eyer üretildiğine göre ve at eyerine de saraç dendiğine göre Allah (c.c.) Güneş'i siraç özeliğinde yaptığını söylerken ne demek istedi acaba? Saracın ata eyersiz binme esnasında oluşan hasarı önleyen bir koruyucu ve oturma yerini belirleyen bir odaklayıcı olduğu gibi acaba Güneş de zararlı ışınları filtre eden bir koruyucu ve ışığı belirli bir yere yönlendiren bir odaklayıcı film mi? Seralardaki branda gibi. Biz niye Güneş'i ışık ve ısı kaynağı olarak düşünüyoruz ki, delilimiz nedir? Bir lambadan çıkan ışık bir filtreden geçirilerek ortama verilmiş olsa, filtre mi yoksa lamba mı ışık kaynağı olur? Oluşan hale, sanki Güneş'in bir ışık kaynağı değil ışık kesici ve odaklayıcı bir filtre olduğunu göstermiyor mu? Siz hiç Güneş doğarken güney veya kuzey doğrultusunda yol aldınız mı? O sırada Güneş sizi niye takip ediyor, hiç düşündünüz mü? Bu yolculukta göreceksiniz ki Güneş sizin hep aynı bölgenize denk gelecek şekilde sizinle birlikte kuzey-güney yönünde yer değiştirmektedir. Küre ve yukarıda olan bir cisimde bu olay oluşur mu? Ancak ışık odaklayıcı bir filmde bu olayın oluştuğu bilinmektedir. Güneş yeryüzünden çok büyük ise ve küre şeklinde ısı ve ışık yayan bir cisim ise (Şekil 26) aşağıdaki ışık yansıması durum nasıl oluşmuştur. Böyle bir kompozisyonda (Güneş-Dünya pozisyonu) aşağıdaki şekildeki gibi bir ışık yansıma durumu oluşur mu? Madem Güneş tüm yeryüzünü aydınlatacak büyüklükte ve Güneş'ten gelen ışınlar Şekil 26'daki gibi yeryüzüne geliyor ise neden sadece binanın o camında yansıyan ışık vardır, diğerlerinde yoktur? Işık neden o cama odaklanarak yansımıştır. Bu durum acaba benim resmi çektiğim esnadaki konumum ile mi ilgili? Ben güney-kuzey yönünde yer değiştirseydim, Güneş ışığının yansıdığı cam değişir miydi, sağa veya sola kayar mıydı?

Kopernik Teorisi ve Kur'an'ın Bakışı

Tüm yaşantısı bir kuyuda geçen insanın kuyudan yeryüzünü incelemesi sonucu elde ettiği verilerin doğruluğu nasıl ki yeryüzünde yaşamış birinin verilerine göre düşük olacak ise yeryüzünde yaşayan insanların yeryüzü ve göklerle ilgili yaptığı gözlemleri sonucu elde ettiği verilerin doğruluğu da Allah (c.c.)'ın verdiği bilgiler karşısında çok düşük kalacaktır.

İnsan, olayları ve nesneleri doğrudan veya dolaylı yolla edindiği bilgi ve tecrübelere göre yorumlar:

- Suyun aşağıya doğru akması,
- Ateşin yakıcı olması,
- Soğuğun dondurucu olması,
- Işığın farklı yoğunluktaki ortamlara geçerken kırılması,
- Fenol gibi bazı kimyasal maddelerin kanser hastalığına neden oluyor olması (1900'lü yıllarda böyle bir bilgi henüz oluşmamıştı),

- Maddenin 3 hâli (katı, sıvı, gaz) olduğu bilgisi (4. hâl olan "plazma" hâli düşünülmemiş),
- Tohumun ekim ayında ekiliyor olması (Tecrübe edilerek elde edilmiş bilgi doğrultusunda),
- Dünya'nın kendi ekseni ve Güneş etrafında dönüyor olması,
- Ispanağın demir yönünden zengin olduğu ve insana kuvvet verdiği yanılgısı ("Temel Reis" çizgi filminden edinilmiş olup gerçek dışıdır),
- Balık yanında yoğurdun yenmemesi (Niye?),
- Tavşanların havuç sevmesi (Tavşanlar yeşillik yer. Dağda havucu nerden bulsunlar?),
- Dilin tatlı, tuzlu, acı ve ekşi tat alma duyguları olduğu bilgisine rağmen lezzet kavramı bu 4 tat alma ile nasıl açıklanır?
- İnsanların sadece görme, koklama, tat alma, dokunma ve işitme olarak 5 duyusunun bulunması (Rüzgârın uyguladığı basıncı, çöldeki yüksek sıcaklığı, havadaki nemi nasıl algılıyor?),
- İnsanın maymundan evrimleşerek oluşması (Birtakım insanlar tarafından kabul görmüş),
- Mikroorganizmaların keşfinden önce hastalıklara; doğaüstü güçler, çeşitli gıdalar, kozmik olaylar gibi etkenlerin neden olduğu kabul görmüş iken Louis Pasteur gibi bilim insanlarının mikroorganizmaları keşfinden sonra hastalıklara bunların neden olduğu yargısının yerleşmesi,
- Yeryüzünden buharlaşan suyun 0-(-20) ^{0}C'de buluta dönüşmesi ve akabinde yağmur suyu olarak yeryüzüne inmesi durumu (-20 ^{0}C'de buhar niçin genel fizik kuralları dâhilinde buz kütlesine dönüşmüyor da yeryüzünde geçerli olan fizik kurallarını hiçe sayarcasına yağmur damlacıklarına dönüşüyor?). 20 Ocak 2023 tarihindeki

Bursa hava durumu[2] yağmurun hiç de öyle oluşmadığını söylemektedir. İlerleyen sayfalarda verilen görseller, Bursa'nın o tarihteki gerçek hava durumunu göstermektedir. Saat 16.20 civarında güneşli olan ve havada tek tük beyaz bulut bulunan bir durumdan 18.07'de sağanak yağışın olduğu ve gökyüzünün tamamen gri-lacivert bulutla kaplı olduğu bir duruma gelinmiştir. Yağmur bulutları yerden buharlaşan sudan oluşuyorsa; 1 saat 30 dakika içinde bu su nasıl böyle bir hızla buharlaşıp gökyüzüne çıkıp yoğuşarak yere yağmur şeklinde inmiştir. Üstelik hava sıcaklığının temmuz ayında 40 ^{0}C yerine 20 ^{0}C olmasına rağmen. Hani sıcaklık arttıkça birim zamandaki suyun buharlaşma miktarı artardı? Bu hangi fizik kuralı ile açıklanabilir. Hem bu kadar kısa sürede yeryüzünden buharlaşan su bulutların seviyesine yükselme imkânı bile bulamaz iken nasıl bir anda gökyüzü bulut kaplanmıştır. Bir yerden bir yere bulutların hareketi neticesinde oluştuğu düşünülse bile bu düşünce fizik kuralları ile aykırılık teşkil etmektedir. Çünkü bulut hareketi bu kadar hızlı değildir. O gün Bursa'nın yaklaşık 30 km çapındaki bir alanının (Yıldırım-Görükle arası) üstündeki gökyüzü bulutla kaplanmıştı. Bu kadar alanın bulutla kaplanabilmesi için bu süre yine yeterli olmayacaktır. Gökte bulutların olmadığı durumda da bazen yağmurun yağması da aslında diğer bir ilginçlik. Kur'an niçin yağmuru gökten inen su olarak tanımlamış ve bulutların gökle yer arasında olduğunu bildirmiş? (Zuhruf suresi 11. ayet, Araf suresi 10. ayet, Bakara suresi 164. ayet). O zaman tek bir soru kalıyor, hakikaten yağmur bulutları nasıl oluşuyor? Hem yağmur bulutları yerdeki suyun buharlaşması ile oluşuyor ise neden yağmur kış aylarında yaz aylarına göre daha fazla yağar? Fizik kurallarına göre sıcaklık arttıkça suyun buharlaşması artar ki bu

---

[2] https://www.bursatanik.com/20-ocak-2023-bursa-hava-durumu.html/

doğrudur. İki bardak sudan birini kalorifer peteğinin üzerine koyup diğerini odanın petekten en uzak köşesine koysanız; petek üzerindeki su daha hızlı buharlaşacağından daha kısa zamanda bardaktaki su tükenecektir. Dolayısıyla yaz aylarında daha çok buharlaşma olurken yağışlar kış aylarında daha fazladır, bu olay bile yağmur bulutlarının yerden buharlaşan sudan oluşmadığını göstermez mi? Hakikaten yağmur hakkında Kur'an ne diyor, hiç inceleyen oldu mu acaba? Hem suyun yoğuşması için soğuk ve katı bir cisme temas etmesi gerekmez mi? Gökyüzü gaz moleküllerinden oluştuğuna ve katı bir yüzey oluşturmadığına göre, bu su buharı nasıl yoğuşacak, hangi fizik kuralına göre yağmur damlasına dönüşecek? Hadi yoğuştu, suyun yüzey gerilim enerjisi ne olacak? Su damlaları yüzey enerjisinin yüksek olmasından dolayı birbirleri ile birleşerek su kütlesi oluşturma eğilimindedir. Siz hiç çaydanlık kapağını açtığınızda su buharının damlaya dönüştükten sonraki davranışına bakmadınız mı? Üstelik çaydanlık kapağı katı bir soğuk cisim. İsterseniz evinizde bir deney yapın. Bakın bakalım yağmur damlası oluşacak mı? Çaydanlığı ocağa koyun, suyu kaynatın, buhar oluşunca yukarı hareket edecektir. Belirli yükseklikte havayı soğutun (bir soğutucu ile) bakın bakalım yağmur damlaları oluşuyor mu? Orda oluşmuyorsa gökyüzünde hiç oluşmaz. Çünkü yukarı çıkıldıkça atmsofer basıncı yani atmosferdeki gaz yoğunluğu düşer. Su buharının yoğuşmasını sağlayacak katı madde miktarı azalır. Evde olmuyorsa gökte hiç olmaz. Soruyu tekrarlayalım; sahi yağmur indiren bulutlar nasıl oluşur? Yağmuru bir yaratan mı var? Yoksa yağmur basit bir su döngüsü müdür? Sahi yerden buharlaşan suyun yoğuşarak yağmura dönüştüğünü biz nerden biliyoruz? Kendimiz mi tecrübe ettik, yoksa öğretildi mi? Öğretildi ise bu kimin tanımlaması sonucu oluştu?

Saat 16:20

Saat 18:07

« Perşembe » 20 Ocak 2023 Cuma »21 Oca »

Saat	Hava	°C	His	Yağış	Rüzgar
05:00	Çoğunlukla açık	8°	7°		GD 9 km/sa
06:00	Açık	8°	7°		GD 9 km/sa
07:00	Açık	8°	7°		GD 11 km/sa
08:00	Açık	9°	7°		GD 11 km/sa
09:00	Güneşli	9°	9°		GD 11 km/sa
10:00	Güneşli	10°	11°		GD 9 km/sa
11:00	Çoğunlukla güneşli	13°	16°		DGD 6 km/sa
12:00	Çoğunlukla güneşli	15°	19°		K 4 km/sa
13:00	Çoğunlukla güneşli	17°	20°		GGD 6 km/sa
14:00	Güneşli	18°	20°		GGD 7 km/sa
15:00	Güneşli	20°	20°		GGD 9 km/sa
16:00	Bulutlar arasında aralıklı görünen güneş	19°	18°		G 11 km/sa
17:00	Aralıklı bulutlar	17°	16°		GGB 11 km/sa
18:00	Çok bulutlu	16°	14°		GGB 11 km/sa
19:00	Sağanak Yağışlar	14°	11°		GGB 13 km/sa
20:00	Sağanak Yağışlar	13°	9°		G 11 km/sa

Yerden buharlaşan suyun oluşturduğu görüntü. Su buharı olarak atmosferde su buharı oranını artırır.

Bu gibi olayların hepsi kazanılmış bilgilerdir. Edinilmiş bilgiler ile paralellik arz etmeyen bilgilerin kabulü her zaman zor olmuştur. Allah'a (c.c.) put gibi bir aracı olmaksızın doğrudan ibadet edilme durumu, bir yaratıcının olduğuna inanan kişinin yaratıcının yokluğunu, yokluğuna inanan kişinin ise varlığını kabul durumu, 5G uygulamasının sağlığa zarar verme/vermeme durumu, obeziteye neden olan maddenin yağ olmayıp şeker olması bilgisi gibi. Hakkında hiçbir sorgumuz olmadığı hâlde eğitim-öğretim sürecinde bize bir bilgi olarak kabul ettirilen ve bu kabullerin doğruluğunu ispat olarak sunulan tüm iddiaların bile spekülatif olduğu yeryüzünün küre olması, Dünya'nın uzay denen boşlukta Güneş ve kendi etrafında dönüyor olması gibi iman seviyesindeki bilgi ve inanış ile çelişen farklı bir teorem bu alışılmış kitlesel kabuller adına sorgusuz reddedilmektedir. Doğruluğunu gösterir hiçbir delili olmasa dahi kabul edilip benimsenmiş bir teorinin yanlışlığını gösteren birçok delil ortaya konulsa da söz konusu kitlesel kabul, sorgulayıcı bir yaklaşım içine girmeyenlerce kabul görmeyecektir. Öte yandan mezkur konu ile ilgili parçacı bir sorgu yapmak bütünü kavramaya yönelik gerek duyulan göz, görme, perspektif, ışın, ısı, enerji, ışıma, ısıma, yansıma kapsamındaki bilgilerde de bir sorgu gerektiriyorsa ve o bilgiler de aynı mantalite ile kurgulu ise işte o zaman tek çözüm bütünü sorgulamadan kaçıp sorgusuz sualsiz kitlesel şartlandırılmışlığa sığınıp alışılmış çaresizlik içerisinde ezberlettirilenleri tekrar etmek olacaktır. Dolayısıyla yeryüzünün küre olmadığı ve uzay denen bir boşluğun bulunmadığı gibi bilgilerin kabulü, edinilmiş ön yargı ve kitleler tarafından yapılan yönlendirmelerden dolayı zor ve meşakkatlidir. Mesela ölçü birimlerinin tarihi gelişim sürecinin farkında olmayan birisi için 1 metrenin 1 metre olması, 1 kg ağırlığın 1 kg olması, 1 ^{0}C sıcaklığın 1 ^{0}C olması dedemizin dünyasında hiçbir anlam ifade etmezken bizim dünyamızda ise bu ölçü birimleri dışında başka bir ölçü birimi tasavvur dahi edilemez. Hâlbuki bunlar insanların bir şeyleri ölçerek farazi olarak belirledikleri ve bir şekilde birçok insanın kabul ettiği uydurulmuş kavramlardır. Ancak günümüzde bu kavramların uydurulmuş olduğu unutulmuş, bunlar kesin bir bilgi olarak kabul edilmiştir.

Kur'an, yeryüzü ve gökler ile ilgili birçok ayet içermekte olup bunlar hakkında düşünülmesi gerektiği Ali-İmran suresi 191. ayette; **"Onlar ayaktayken, otururken ve yanları üzerine yatarken Allah´ı anarlar; göklerin ve yerin yaratılışı üzerinde düşünürler. Ve 'Rabbimiz! Sen bunu boş yere yaratmadın, Sen yücesin, bizi ateşin azabından koru.' derler."** şeklinde bildirilmiştir. Birçok ayette ise yerin ve göklerin yaratılışı ve yaratılma formu hakkında bilgiler verilmiş olup yeryüzünün şekli ile ilgili bilgi veren en önemli ayet Hicr suresi 19. ayettir.

Tefsir-i Kebir'de Hicr suresi 19. ayetin tefsirinde şu bilgiler verilmiştir: **"Yeryüzünü de yaydık."** cümlesi için İbn Abbas tarafından "Biz onu suyun yüzeyine döşeyip yaydık" manasının verildiği belirtildikten sonra, bu ayet gereği "Yeryüzünün küre değil düz olması gerekmez mi?" sorusuna verilen cevap şu şekildedir: Yeryüzünün büyük bir küre olması nedeniyle, küre yüzeyinin gözle görülen kısımları daha küçük olması hasebiyle düz bir yüzey olarak görünmesi nedeniyle *yaydık* kelimesinin çok büyük küre yüzeyinin tarif edilmesinde de kullanılabileceği yorumu yapılmıştır. Kelime her ne kadar küre yüzeyi ifade etmese de yeryüzünün küre olarak kabul edilmesi hasebiyle *mededna* kelimesi tevil edilerek küre modeline uygun olacak şekilde yorumlanmıştır. Burada kelime asıl manası dışında tevil edilmesine rağmen İbn Abbas'ın açıklamasında gerçek anlamı kullanılmıştır (Fahruddin er Razi, Tefsiri Kebir, 1992, 14. cilt, s.78, Akçağ).

Medde fiili Vakıa suresinin 30. ayetinde cennetteki gölgelerin özelliğini anlatmak için kullanılmıştır. Bilindiği gibi gölge iki boyutlu olup saydam olmayan bir nesne tarafından ışığın engellenmesidir. Saydam olmayan (opak) cismin ebatları ve ışığın vurma açısına bağlı olarak gölge ebatları değişir. Oluşan gölge ebatları iki boyutlu olup zemine serilme şeklinde oluşur.

Vakıa suresi 30. ayet:

وَظِلٍّ مَّمْدُودٍ

Uzamış gölgeler *(Elmalılı Hamdi Yazır)*

Uzamış gölgeler *(Diyanet Vakfı)*

Burada gölgelerin memdud olduğu söylenmiştir. Bu memdudun ise gölgenin ışık geçirmez cennet ağaçlarından kaynaklandığı ve büyük yapraklı bu tip ağaçların ışığı engelleyecek şekilde gölgelerinin cennet zeminine düşmesi ile oluştuğu, tefsirlerde yer almaktadır. Dolayısıyla gölgenin evsafını belirtmek için medde fiilinin seçilmesi, bu kelimenin yaymak anlamında kullanıldığının anlaşılması için önem arz etmektedir. Vakıa suresinde cennetteki gölgelerden bahsederken, Dünya'daki gölgenin oluşumuyla alakalı Furkan suresi 45. ayette Allah (c.c.) bilgi verirken de yine *medede* fiilini (مَدَّ الظِّلَّ) kullanmıştır. Her ne kadar meallerde bu kelime gölgenin uzatılması şeklinde Türkçeye çevrilmiş olsa da gölgenin hem uzadığı hem de kısaldığı bir gerçektir. Dolayısıyla meddenin uzatma olarak anlamlandırılması hâlinde kısalma özelliğinin olmadığı anlamı oluşur ki bu gerçekle örtüşmez. Gölge sabahtan öğleye kadar kısalırken öğleden sonra uzar ve Güneş'in batmasıyla kaybolur. Dolayısıyla burada kullanılan *medede* kelimesi uzatmak değil yaymak anlamında kullanılmıştır. Buradaki yayma ise bir zemin üzerine bir şeyin serilmesi şeklinde oluşan yaymadır. Burada geçen *medede* fiili bir şeyin uzatılması veya kısaltılması ile ilgili olmayan bir yayma eylemiyle ilgili olup bir şeyin bir zemin üzerine serilmesi durumunda oluşan olayla ilgilidir. Gölge uzasa da kısalsa da bir zemin üzerinde serilmiş olduğunun bildirilmesinde *medede* fiilinin seçilmiş olması, yeryüzünün yaratılışı ile ilgili yorumlarda önemli hâle gelmektedir. Medcezir olayının adlandırılmasında da *medede* kelimesi ve zıt anlamlısı olan cezere kelimesinin tercih edilişi de aynı anlamı taşımaktadır. MDD "yayılmak", CZR ise "çekilmek" anlamında olup suyun yükselerek sahile yayılması med; suyun çekilerek sahilden ayrılması olayıda cezr olarak anlaşılmaktadır. Müddet kelimesi de aynı kökenden gelen bir kelime olup "zamana yayma" anlamını taşır.

Hicr Suresi 19. Ayet ve Kur'an'ın Yeryüzü ve Göklerle İlgili Anlatımı

Hicr suresi 19. ayet ve Kur'an'ın yeryüzü ve göklerle İlgili anlatımı yerin bir zemin üzerine yayılması şeklinde anlaşılmıştır. İbni Abbas, bunu yerin su üzerine yayılması olarak anlamıştır.

Yeryüzünün şekli ile ilgili bilgi veren Hicr suresi 19. ayette geçen MDD ve RSV kelimelerine Elmalılı Hamdi Yazır ile Diyanet Vakfının yüklediği anlam şöyledir.

وَالْأَرْضَ مَدَدْنَاهَا وَأَلْقَيْنَا فِيهَا رَوَاسِيَ وَأَنبَتْنَا فِيهَا مِن كُلِّ شَيْءٍ
مَّوْزُونٍ ٩

Arzı meddettik ve ona ağır baskılar bıraktık ve onda mevzun her şeyden bitirdik. (Elmalılı Hamdi Yazır)

Yeri uzatıp yaydık, orada sabit dağlar yerleştirdik, yine orada miktarı ve ölçüsü belirli olan şeyler bitirdik. (Diyanet Vakfı)

Allah (c.c.), burada yeryüzünün şeklini medde fiili ile açıklamıştır. Aynı medde fiili kıyamet günü yeryüzünün nasıl olacağını anlatırken da kullanılmıştır.

İnşikak suresi 3. ayet:

وَإِذَا الْأَرْضُ مُدَّتْ

Ve arz meddedildiği (Elmalılı Hamdi Yazır)

Yer dümdüz edildiği, içinde bulunanları atıp boşaldığı ve Rabbini dinleyip O'na hakkıyla itaate mecbur kılındığı vakit (insanoğlu yaptıkları ile karşılaşır). (3,4- Diyanet Vakfı)

Her iki ayette de aynı fiil kullanılmış olup söz konu *medde* (م د د) fiili;

1. Açmak
2. Genişletmek
3. Yaymak
4. Uzatmak
5. Döşemek

gibi anlamlara gelmektedir. Medde fiilinin türediği MDD kelimesi kuranda 32 yerde geçmektedir. Bunlar; Bakara 15, Ali İmran 124, Ali İmran 125, Araf 202, Enfal 9, Tevbe 4, Rad 3, Hicr 19, Hicr 88, İsra 6, İsra 20, Kehf 109 (iki yerde), Meryem 75 (iki yerde), Meryem 79 (iki yerde), Taha 131, Hac 15, Müminun 55, Furkan 45, Şuara 132, Şuara 133, Neml 36, Lokman 27, Kaf 7, Tur 22, Vakıa 30, Nuh 12, Müddesir 12, İnşikak 3 ve Hümeze 9. ayetleridir.[3] Bunlardan kimi yerde ilave ederek uzatmak, artırmak (Kehf, Lokman, Nuh, Şuara), kimi yerde yaymak, sermek ve uzatmak (Hicr, Hümeze, Rad, Furkan, Vakıa), kimi yerde

[3] https://www.kuranmeali.com/Kok.php?sayfa=2&kok=%D9%85%20%D8%AF%20%D8%AF)

de yardım etmek manasında el uzatmak, artırmak, imkânlarını önüne sermek, (Ali İmran, Enfal, İsra, Neml) kimi yerde zamanın uzatılması (Meryem, Bakara, Tevbe), kimi yerde de bir cismi veya bakışlarını uzatmak (Taha, Hac) gibi anlamlarda kullanılmıştır. Katı cisimler ile birlikte kullanılırken serme anlamı, soyut kavram, eylem ve durum bildirmek için kullanılırken yardım, uzatma, artırma gibi anlamlarda kullanılmıştır. Medde fiili yaygın ve güncel olarak ise sermek, yaymak anlamlarında kullanılmaktadır. "Kauçuğu sündürdü." derken, "Sofra bezini serdim." derken, "Masa örtüsünü ser." derken ve "Tavanın içine ekmek hamurunu yaydım." derken de bu kelime kullanılabilmektedir. Benzer bir ayet de Kaf suresi 7. ayettir. Bu ayette de Allah (c.c.) *medde* fiilini kullanarak yeryüzünün yapısını tarif etmiştir. Bu ayetten önceki Kaf suresi 6. ayette ise yine gökten bahsetmiş ve **"Üstlerindeki göğe bakmadılar mı?"** ifadesinden sonra gökyüzünün bina edilişi, süslenişi ve hiçbir yarık içermemesinden bahsetmektedir. İnşikak suresi 3. ayette kıyamet gününde yeryüzünün daha da genişleyeceği bildirilmiş olup aynen lastiğin sündürülmesi gibi yeryüzünün genişletileceğinden bahsedilmiştir. Bu genişletilmenin nasıl olacağına yönelik tespitlerin burada verilmesi anlam kargaşası oluşturabileceğinden, bunlara kitabın sonunda değinilmesi düşünülmüştür. Hicr suresi 19. ayette yerin nasıl olduğunu Allah (c.c.) yine bu fiil ile bildirmiş, yerin yayılmış bir biçimde olduğu vurgusu yapılmıştır. Yeryüzü, yoktan var edilmiş bir nesnedir. İnşikak suresi 3. ayette ise var edilmiş bir nesnenin şeklindeki değişim vurgulanmıştır. O nedenle o ayetteki *medde*, genişletilmek anlamında kullanılmıştır. Ancak yok olan bir nesnenin şeklinin değiştirilmesi imkânsız olacağından Hicr suresi 19. ayetteki *medde* kelimesi, aynen tavanın içine ekmek hamurunun yayılmasındaki gibi bir anlamda kullanılmış olmasını gerektirir çünkü o anda tavanın içinde hamur olmayıp, henüz oluşturulmaktadır. Hicr suresi 19. ayette belirtilen durum, yeryüzünün düz bir şekilde yayılarak yaratıldığını göstermektedir. Vakıa suresi 30. ayette gölgenin zemine yayılarak oluşumunun anlatımında da bu fiilin kullanılması, yeryüzünün de bir gölge gibi bir zemin üzerine yayılarak yaratılmış olduğunu anlatmaktadır. Yeryüzünün düzgün bir yüzey (satıh) oluşacak şekilde yayılarak yaratıldığını bildiren diğer ayetler ise Naziat suresi 30. ayet ve Gaşiye suresi 20. ayettir. Bu ayetlerde kullanılan kelimeler ise medde kelimesinden farklı olup Naziat suresi 30. ayette dehahe (دَحٰيهَا), Gaşiye suresi 20. ayette ise *sutıhat* (سُطِحَتْ) kelimeleridir. Gaşiye suresi 20. ayette sutıhat fiili edilgen fiil yapısında kullanılmışken Naziat suresi 30. ayette etken fiil yapısında kullanılmıştır. Sutihat kelimesi bir şeyi yassılaştırmak anlamında kullanılırken bir şeyin yüzeyinin düzleştirilmesinde tesviye kelimesi kullanılmaktadır. Burada tesviye yerine sutihat kelimesinin seçilmesi, yeryüzünün yüzeyinin düzgünlüğü, yüzey pürüzsüzlüğü ile ilgili bir bilgi olmayıp yeryüzünün fiziki şekli ile ilgili olması hasebiyledir. Bu fiziki şeklin tarifinde *sutihat,* medde ve bisata kelimelerinin kullanılması ise yeryüzünün düz bir satıh olduğu bilgisini vermektedir.

Naziat suresi 30. ayet:

وَالْأَرْضَ بَعْدَ ذٰلِكَ دَحٰيهَاۜ

Ardından yeri düzenleyip döşedi. (Diyanet Vakfı)

Ondan sonra da arzı döşedi. (Elmalılı Hamdi Yazır)

Gaşiye suresi 20. ayet:

وَإِلَى ٱلْأَرْضِ كَيْفَ سُطِحَتْ

Yeryüzüne bakmıyorlar mı, nasıl yayılmıştır! (Diyanet Vakfı)

Ve o Arza nasıl satıhlanmış? (Elmalılı Hamdi Yazır)

Nuh suresi 19. ayet:

وَٱللَّهُ جَعَلَ لَكُمُ ٱلْأَرْضَ بِسَاطًا

Allah, onda geniş yollar edinip dolaşabilesiniz diye, yeryüzünü sizin için bir sergi yapmıştır. (Diyanet Vakfı)

Allah sizin için yeri bir yaygı yapmıştır. (Elmalılı Hamdi Yazır)

Her üç ayette geçen her üç kelime de sermek, yaymak anlamında kullanılmaktadır. Sutıhat kelimesi ayrıca yüzey anlamında da kullanılmaktadır. Düz bir zeminin yüzeyi olabileceği gibi kürenin de bir yüzeyi vardır. Ancak burada bu kelime sıfat olmayıp fiil olarak kullanılmış olduğundan yüzey anlamına gelmesi ihtimal dâhilinde değildir. Dolayısıyla sermek, yaymak anlamında olması daha yüksek ihtimaldir. Deha (DHV) kelimesi ise yayıp döşemek anlamında bir fiil olmasına karşın deve kuşu yuvası (isim formunda) anlamına geldiği, tefsirlerde yer almaktadır. Aslında Arap edebiyatında bu kelime yaymak anlamında kullanılmıştır. Ümeyye ibn Ebi's Salt şöyle bir cümle kurmuştur. "Ülkeleri yayıp onları tevsiye ettin ve sen onları dürüp katlamaya da kadirsin" (Fahruddin er-Razi, Tefsiri Kebir, 22. cilt, s.484, Akçağ). Burada sermek, düz bir yüzey oluşturmak (ülkelerin kavisli olmayıp, düz bir satıh olması durumu) anlamında *dehaha* fiili kullanılmıştır. Deve kuşu yuvasına (Şekil 5) bakıldığında da küre olmadığı, dairesel kesit şekline sahip içe bombeli bir yapıya sahip olduğu görülecektir. Kelime bu anlamında kullanılmış olsa bile yine de küreyi ima etmemektedir, disk şeklinde bir yüzey ifade etmektedir. Deve kuşu yuvası yine isim olup ayette geçen kelime fiil olduğundan söz konusu anlamın verilmesi, cümle yapısı gereği uygun düşmeyecektir. Sadece yeryüzünün yaratılmasının deve kuşu yuvasının oluşumuna benzetilmesi durumuna uygun olacaktır ki bu durum da zaten yeryüzünün küre şeklinde yaratılmadığını göstermektedir. Şekle bakıldığında deve kuşu yuvasının içe bombeli düz bir zemin olduğu görülecektir. Yeryüzünün sadece küçük bir kısmı insanoğlunun yaşamına ayrılıp büyük kısmı Güney Kutbu ile kapatılmış olduğundan yeryüzünün tamamı bilinememektedir. Şu andaki yaşam bölgesi yuvanın merkezi kadar kısmı olup yuvanın kenar kısımları gök ile birleşme yeri olarak düşünüldüğünde (Şekil 30) yeryüzünün yüzey şeklinin de buna benzediği kabul edilebilir. Dolayısıyla yeryüzünün zemini deve kuşu yuvasının şekline benzediğinden bu kelime kullanılmış olabilir.

Şekil 5: Deve kuşu yuvası şekli

Nuh suresi 19. ayette ise yerin bir sergi (döşek) olarak düzenlendiğinden bahsedilmiştir. Burada kullanılan bisate ismi, yine yeryüzünün düz olduğunu vurgulamaktadır. İster döşek, ister serilme olarak kabul edilsin, bu kelime ile yeryüzünün yatılacak bir yer olması değil döşek gibi düz bir zemin olma durumu belirtilmiştir. Basata kökünden gelen bu kelime, yaymak, genişletmek anlamında kullanılmaktadır. *Fatara* bir şeyi açarak genişletmek, yaymak anlamında kullanılmasına karşın, *basata* kelimesi döşek, halı gibi malzemelerin serilebilecek, yüzey düzgünlüğü olan ve üzerinde yürünebilecek vs. fiziksel yapılarının tanımlanması amacıyla kullanılmaktadır ki bu durum, aynı zamanda yeryüzünün zemininin düz bir şekilde olduğunu bildirmektedir. Aynı kelime Kefh suresinin 18. ayetinde mağaranın girişinde köpeğin yatışının tasvirinde de kullanılmıştır. Bu ayette köpeğin ayaklarını kırmaksızın düz bir şekilde girişe uzattığını bildirmek için yine *basata* kelimesi kullanılmıştır. Bu kullanımlar göstermektedir ki *basata* kelimesi, bir zemin üzerine bir şeyin düz bir yüzey oluşturacak şekilde (yüzeyde hiçbir bükülme olmaksızın) yayılması, uzatılması anlamında kullanılmaktadır. Yeryüzünün *bisata* olması ise ancak yeryüzünün bir zemin üzerine (boşluğa değil) düz ve yayvan bir şekilde serilmiş olmasını gerektirir. Bu durum Bakara suresinin 22. ayetinde de farklı bir kelime olan *firaşe* (ف ر ش) ile belirtimiştir. Bu kelime döşek anlamında olup bir zemine serilen, yayılan nesneyi tanımlar. Cennetteki döşekleri tanımlamak için de aynı kelime kullanılmıştır (Vakıa suresi 34. ayet).

Aslında yeryüzünün bir zemin üzerinde olduğunu Hakka suresi 14. ayet, gayet net bir şekilde vurgulamaktadır.

وَحُمِلَتِ ٱلْأَرْضُ وَٱلْجِبَالُ فَدُكَّتَا دَكَّةً وَٰحِدَةً

Sûr'a bir defa üfürülünce, yeryüzü ve dağlar kaldırılıp birbirine bir çarptırılınca, işte o gün olacak olmuş (kıyamet kopmuş)tur. (Diyanet Vakfı)

Arz ve dağlar yerlerinden kaldırılıp şiddetle birbirine çarpılarak darmadağın olduğu zaman. (Elmalılı Hamdi Yazır)

Bu ayette yeryüzü ve dağların kaldırılacağı (*humilet*), sonra bunların tek bir çarpılış ile (*dekkah*) darmadağın (*fedükkate*) olacağı vurgulanmıştır. Dikkate edilirse burada yeryüzü ve bunun üzerinde bulunan dağların birlikte kaldırılacağı ve tekrardan bırakılarak zemine hızla çarpmasıyla yeryüzü ve dağların darmadağın olacağı anlatılmıştır ki dağların saçılmış renkli yüne (Karia suresi 5. ayet) ve toz dumana (Vakia suresi 5-6. ayetler) dönüşeceği de Kur'an'da vurgulanmış ve bu sırada yeryüzünün de şiddetle sarsılacağı belirtilmiştir. Bu, tıpkı üzerinde cam bardaklar bulunan masanın üstünde duran bir cam tepsinin durduğu yerden kaldırılıp tekrar bırakılmasına benzemektedir ki bu olayda tepsi zemine çarptığında tek bir çarpılışla şiddetle sarsılırken üzerindeki bardaklar da kırılıp darmadağın olacaktır. Bu ayet Nuh suresinin 19. ayetinin açıklamasını yapan bir ayet olup yeryüzünün bir döşek gibi bir zemin üzerine serildiği, yeryüzü üzerinde dağların dikildiği, kıyamet gününde ise yeryüzünün bu zeminden daha yukarı kaldırılıp tekrardan zemine bırakılması ile dağların parçalanacağı ve yeryüzünün de şiddetli bir sarsıntı ile sarsılacağı belirtilmiştir. https://youtu.be/v30b5IAgwQw linkinde bulunan görüntü, meselenin anlaşılmasında yardımcı olacaktır. Bu ayet, kıyamet günü dağların parçalanması, yeryüzünün sarsılmasının aslında yeryüzünün ve buna bağlı olarak dağların bulunduğu zeminden kaldırılıp tekrardan bırakılması ile tek bir çarpış ile olacağını bildirmesi bakımından da kıyamet günü olacaklar ile ilgili önemli bilgiler vermektedir. Kıyamet günü Güneş ve Ay'ın ne olacağı ise farklı bir ayette, "Güneş ile Ay bir araya getirildiği zaman" (Kıyamet suresi 9. ayet) cümlesi ile belirtilmiştir. Bu bilgi ise Güneş ve Ay'ın aynı düzlemde olduğunu göstermektedir ki o ortamın da zaten gökyüzü olduğu birçok ayette (Mülk suresi 5. ayet, Nuh suresi 15 ve 16. ayetler gibi) belirtilmiştir. Dolayısıyla Kur'an'ın yer ve gökyüzü betimlemesi ile kıyamet günü olacak olaylar arasında mükemmel bir uyum söz konusudur.

Yer ve Gök Kavramları

Allah (c.c.) yer ve gök ile verdiği bilgilerde yeryüzü (arz) ve gökler (semavat) kelimelerini kullanmıştır. Gökler genelde çoğul olarak belirtilirken sadece tek kat (en yakın gök) ile ilgili durumlarda gök tekil kullanılmıştır. Göklerin 7 kat olduğu birçok ayette belirtilmiştir (Bakara suresi 29. ayet, İsra suresi 44. ayet, Fussilet suresi 12. ayet, Nebe suresi 12. ayet vd.). Tekil olarak kulllanıldığı yerler ise yağmurun gökten indiğini bildiren ayetlerdir (Bakara suresi 164. ayet). Yer ise her zaman tekil ifade edilmiş olup arz kelimesi kullanılmıştır. Arz bazı meallerde Dünya olarak çevrilmiş olsa da Dünya bir sıfat olup arz bir isimdir. Dünya kelimesi aşağı, alt anlamları yanında yakın anlamında da kullanılmış olup hayatın bir evresinin sıfatıdır. Bu ise yakın yani yaşadığımız hayat anlamında olup gelecek yaşam ise ahiret olarak ifade edilmektedir. Arz ise yeryüzüdür. Zemin ve toprak yüzey olarak da anlamlandırılmıştır. Dolayısıyla Dünya ve arz Kur'an'da aynı anlamlarda kullanılmamıştır. Dünya kelimesi sıfat olarak kullanılırken (Bakara suresi 212. ayet, Ali-İmran suresi 14. ayet, Yunus suresi 7. ayet, Kef suresi 45. ayet, Ankebut suresi 64. ayet vs.), arz isim olarak kullanılmıştır (Bakara suresi 22. ayet, Bakara suresi 30. ayet, Enam suresi 1. ayet, Yunus suresi 54. ayet, Araf suresi 10. ayet, Rum suresi 50. ayet vs.). Mülk suresinin 5. ayetinde Dünya alt, aşağı sıfatı olarak kullanılmış olup arza en yakın gök anlamını vermektedir:

وَلَقَدْ زَيَّنَّا السَّمَاءَ الدُّنْيَا بِمَصَابِيحَ وَجَعَلْنَاهَا رُجُومًا لِلشَّيَاطِينِ
وَأَعْتَدْنَا لَهُمْ عَذَابَ السَّعِيرِ

Ant olsun biz, en yakın göğü kandillerle donattık ve onları, şeytanlar için taslamalar yaptık. Ve onlar için alevli ateş azabını hazırladık. (Elmalılı Hamdi Yazır)

Ant olsun ki biz, (dünyaya) en yakın olan göğü kandillerle donattık. Bunları şeytanlara atış taneleri yaptık ve onlara alevli ateş azabını hazırladık. (Diyanet Vakfı)

Bu ayette Dünya kelimesi yeryüzüne yakın olan göğün sıfatı olarak kullanılmış olup en alt gök yani yeryüzüne en yakın gök anlamında kullanılmıştır. Yeryüzüne en yakın göğün ise nasıl yaratıldığı Enbiya suresinde bildirilmiştir.

Enbiya suresi 30. ayet:

أَوَلَمْ يَرَ الَّذِينَ كَفَرُوا أَنَّ السَّمَاوَاتِ وَالْأَرْضَ كَانَتَا رَتْقًا فَفَتَقْنَاهُمَا
وَجَعَلْنَا مِنَ الْمَاءِ كُلَّ شَيْءٍ حَيٍّ أَفَلَا يُؤْمِنُونَ

O kâfir olanlar, görmediler mi ki, göklerle yer bitişik bir hâlde iken biz onları ayırdık. Hayati olan her şeyi sudan yarattık. Hâlâ inanmıyorlar mı? (Elmalılı Hamdi Yazır)

İnkâr edenler, göklerle yer bitişik bir hâlde iken bizim, onları birbirinden kopardığımızı ve her canlı şeyi sudan yarattığımızı görüp düşünmediler mi? Yine de inanmazlar mı? (Diyanet Vakfı)

Bu ayette yer ile göklerin bitişik olduğu ve birbirlerinden ayrıldığı bildirilmiş olup ayırma olarak ise *fefetagnahuma* tabiri kullanılmıştır. Bu kelime *fetaga* kökünden gelmekte olup "bütünlüğünün korunması devam ederken aralarında boşluk olacak şekilde ikiye ayrılma" anlamındadır. Güncel olarak, soğuktan elin çatlaması, yolda oluşan asfalt yarılmaları ve kas yırtılma durumlarını bildirmek için kullanılabilmektedir. Bu ayet başlangıçta yer ve göklerin bitişik olduğunu, sonradan göklerle yerin bütünlüğünü koruyacak şekilde aralarında boşluk oluşacak bir biçimde, asfalttaki yarılma durumu gibi birbirlerinden ayrıldığını bildirmektedir. Bu ayet, aslında yer ve göklerin bitişik yaratıldığını ve sonradan göklerle yer arasında bir boşluk olacak şekilde birbirlerinden ayrıldığını ancak buna rağmen yer ve göklerin bütünselliğini koruduğunu bildirmektedir. Bunu kuvvetlendiren diğer ayetler ise Naziat suresi 28. ayet; **"Tavanı yükseltti ve onu bir düzene koydu"** ve Rahman suresi 7 ayettir: **"Göğü yükseltti ve mizanı koydu."** Bu ayetlerde de göğün yükseltildiği bildirilmiş olup Enbiya suresi 30. ayet ile belirtilen durum farklı bir ifade ile bildirilmiştir. Bu üç ayet birlikte değerlendirildiğinde göğün yerden yükseltilmek suretiyle ayrıldığı sonucu çıkar. Göğün yerden yarılarak ayrıldığını bildiren diğer bir ayet ise Enam suresi 14. ayettir. Bu ayette Allah (c.c.) *fatara* kelimesini kullanmıştır.

قُلْ أَغَيْرَ ٱللَّهِ أَتَّخِذُ وَلِيًّا **فَاطِرِ** ٱلسَّمَٰوَٰتِ وَٱلْأَرْضِ وَهُوَ يُطْعِمُ وَلَا يُطْعَمُ ۗ قُلْ إِنِّىٓ أُمِرْتُ أَنْ

أَكُونَ أَوَّلَ مَنْ أَسْلَمَ ۖ وَلَا تَكُونَنَّ مِنَ ٱلْمُشْرِكِينَ

Aynı kelime İnfitar suresi 1. ayette "gök yarıldığı zaman" mealindeki ayette yarılma ifade eden kelime olarak ve Mülk suresi 3. ayette "hiçbir çatlak görecek misin" mealindeki ayette çatlak, yarık ifade eden kelime olarak kullanılmıştır. Bu iki ayette kelime asıl anlamında kullanılmasına karşın günümüz Türkçesi ile yazılan meal ve tefsirlerde Enam suresinin 14. ayetindeki bu kelime yaratma anlamında kullanılmıştır. Kur'an'da yaratma fiili olarak *halaka* veya *ceale* fiilleri kullanılmıştır. Dolayısıyla Enam suresinin 14. ayetinin tefsir ve mealinde *fatara* kelimesinin asıl anlamı dışında yaratma olarak kullanılması yerine asıl anlamı olarak "yer ve gökleri ayıran", yeri ve gökleri yararak yaratan, "yer ve göklerin arasını yararak açan" olarak kullanılması daha uygun olacaktır. Bu durumda ise Enam suresinin 14. ayeti, Enbiya suresinin 30. ayetinin bir benzeri olmuş olacaktır. Her iki ayetin ifade ettiği mana ise bitişik olarak yaratılmış yer ve göklerin birbirinden ayrılması şeklinde oluştuğudur. İbnul-Enbari, bu kelimeyi "bir şeye başlarken, o şeyi yarmak, çatlatmak" şeklinde yorumlamıştır (Fahruddin er-Razi, Tefsiri Kebir, 9. cilt s.347, Akçağ). Allah (c.c.) Enam suresi 14. ayette kendisini gökleri yerden yararak ayıran sıfatı ile tanımlarken ve Enbiya suresi 30. ayette göklerin ve yerin nasıl yaratıldığını betimlerken yararak ayırma fiilini kullanmıştır. Enbiya suresi 30. ayette yer ve göklerin yaratılışını tasvir eden kelime aynı zamanda fıtık hastalığının tanımlanmasında da kullanılmaktadır. Fıtık hasatlığı nasıl oluşmakta ise yer ve göklerin ayrılması da o şekilde olmuştur. Bilindiği gibi fıtık hastalığı, katmanlı bir doku yapısında alt katmanın delinmesi sonucu iç organların alt katmandan geçerek üst katmanı alt katmandan yararak ayırıp bombeleştirmesi ile oluşur (Şekil 6). Buradaki fıtık oluşumu ile göğün yerden ayrılmasındaki oluşum format olarak birbirine benzediğinden Allah (c.c.) *fetaga* fiilini yer ve göğün ayrılmasının tarifinde kullanmıştır. Karın fıtığında üst katmanı alt katmandan yararak ayıran kuvvet, bağırsağın itme kuvvetidir. Üst katman ile alt katman bitişik iken bağırsağın üst katmana kubbelendirme şeklinde bir basınç uygulaması sonucu üst katmanı alt katmandan yararak ayırmış ve o bölgede bir kubbe oluşturmuştur. Fıtığın oluştuğu yerin dışındaki kısımlarda ise üst ve alt katman bütünleşik hâlini devam ettirmektedir. Aynen fıtık oluşumunda olduğu gibi yer ve gökler de katmanlı bir tabaka hâlinde iken Enbiya suresi 30. ayet ve Enam suresi 14. ayetin ifade ettiği manalara göre göğün yerden kubbelendirme basıncı ile ayrıldığı anlaşılmaktadır. Bu oluşumda etkili kuvvetin ne olduğunu anlayabilmek için mevcut teoriler yetersiz kalmaktadır. Bu konuda farklı teoriler geliştirilebilir.

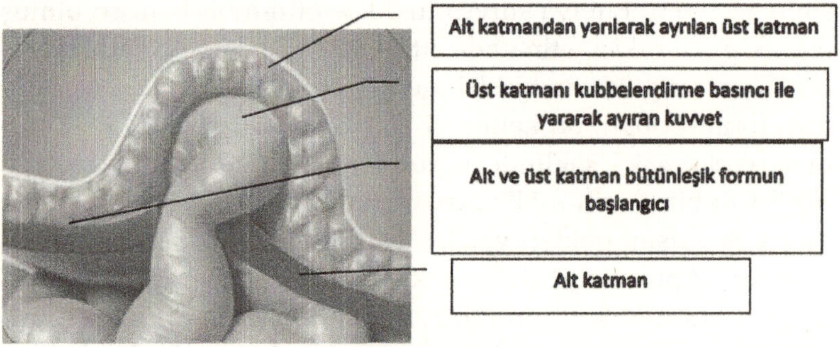

Şekil 6: Fıtık oluşumu

Yer ve gökler bitişik iken bunların ayrılmasının bu şekilde olduğunu bildiren diğer ayetler ise Nebe ve Saffat surelerinde geçen ayetlerdir.

Saffat suresi 5. ayet:

رَّبُّ ٱلسَّمَٰوَٰتِ وَٱلْأَرْضِ وَمَا بَيْنَهُمَا وَرَبُّ ٱلْمَشَٰرِقِ

Nebe suresi 37. ayet:

رَّبِّ ٱلسَّمَٰوَٰتِ وَٱلْأَرْضِ وَمَا بَيْنَهُمَا ٱلرَّحْمَٰنِ ۖ لَا يَمْلِكُونَ
مِنْهُ خِطَابًا

Saffat suresi 5. ayet:

O, göklerin, yerin ve aralarındakilerin Rabbidir, bütün doğuların da Rabbidir. (Elmalılı Hamdi Yazır)

O, göklerin, yerin ve ikisi arasındakilerin Rabbidir. Doğuların da (Batıların da) Rabbidir. (Diyanet Vakfı)

Bu ayetler küre modelini temelinden sarsmaktadır. Allah (c.c.) yer ve gökler ile bunlar arasındakilerin Rabbi olarak kendini takdim etmiştir. Bu ise her şeyin yer ve gökler arasında bulunduğunu göstermektedir. Küre modelinde her şeyin Dünya ve uzay arasında olabilirliği kurgulanmamıştır ki kurgulansa bile arasında kavramını ifade etmeyecektir. Çünkü boşlukla bir cisim arasından bahsetmek anlamsız olur. Küre modeli Dünya'nın uzay diye bir boşlukta olduğu, bir galaksinin içinde bulunduğu ve buna benzer birçok galaksinin de olduğu varsayımı üzerine kurulmuştur. Bu kurguda *gökler* kavramı ile yer ve *gökler arasındakiler* kavramı anlamını yitirmektedir. Arasında kavramı ancak katmanlı yapılarda söz konusu olur. İki tabaka olmalı ki bu tabakların arasındakilerden bahsedilebilsin. Mesela "ekmek dilimleri arasındaki peynir" anlamlı bir ifade iken "ekmek ve hava arasındaki peynir" ibaresi anlamsız bir ifade olmuş olur. Bu cümlenin anlamlı hâli "ekmek üzerindeki peynir"dir. Dolayısıyla Allah (c.c.)'ın bildirdiği gökler, yer ve ikisi arasındakiler ayetinin cümle morfolojisi gereği yer ile göğün ve 7 kat göklerin tabaka tabaka birbirleri üzerinde bulunması gerekmektedir ki zaten tabaka tabaka (katman olarak) bulunduğunu Muminun suresinin 17. ayeti "**...Biz sizin üstünüzde 7 kat yarattık...**" ve Mülk suresinin 3. ayeti "**O, yedi göğü tabaka tabaka yaratandır**" bildirmiştir. Saffat suresi 5. ayet ve Nebe suresi 37. ayetin bildirdiği durumun olabilmesi için Enbiya suresinin 30. ayetinde bahsedilen olayın vuku bulmuş olması gerekir. Yer ve göklerin durumu ve yaratılışı ile ilgili olan Kur'an ayetleri arasında bir anlam bütünlüğü vardır. Ancak bu anlam bütünlüğünün tarif ettiği yer ve gökler modeli, küre modeli ile uyuşmamaktadır.

Lokman suresi 10. ayette ise bu kaldırma işleminden sonra göğü yukarıda tutan kuvvetin direkler olmayıp farklı bir kuvvetin olduğu vurgulanmıştır. Bu kuvvetin ne olabileceği ise Zariyat suresinin 7. ayetinde geçen *habuk* kelimesinden anlaşılabilir. Bu kelime sık ve güzel dokunmuş kumaş anlamında kullanılmaktadır. Göklerin mükemmel doku yapısı gereği Allah (c.c.)'ın kudretiyle düşmediği ve direksiz olarak yükseltilebildiği anlaşılmaktadır.

Yer ve göklerin yaratılması ise Hud suresinin 7. ayetinde açıklanmıştır:

وَهُوَ الَّذِي خَلَقَ السَّمَاوَاتِ وَالأَرْضَ فِي سِتَّةِ أَيَّامٍ وَكَانَ عَرْشُهُ عَلَى
الْمَاء لِيَبْلُوَكُمْ أَيُّكُمْ أَحْسَنُ عَمَلاً وَلَئِن قُلْتَ إِنَّكُم مَّبْعُوثُونَ مِن بَعْدِ
الْمَوْتِ لَيَقُولَنَّ الَّذِينَ كَفَرُواْ إِنْ هَذَا إِلاَّ سِحْرٌ مُّبِينٌ

O, öyle bir Allah'tır ki, hanginizin daha güzel amel isleyeceğini imtihan etmek için ***gökleri ve yeri altı günde yarattı. Arşı da su üstündeydi****. Onlara "öldükten sonra tekrar dirileceksiniz" dersen, o kâfirler de kesinlikle sana: "Bu, apaçık bir sihirden başka bir şey değildir." diyecekler. (Elmalılı Hamdi Yazır)*

O, hanginizin amelinin daha güzel olacağı hususunda sizi imtihan etmek için, ***Arş'ı su üzerinde iken, gökleri ve yeri altı günde yaratandır.*** *Yemin ederim ki, (Resûlüm!): «Ölümden sonra muhakkak diriltileceksiniz» desen, kâfir olanlar derhâl «Bu, açık bir büyüden başka bir şey değildir» derler. (Diyanet Vakfı)*

Bu ayette Allah (c.c.) arşı su üzerinde iken yer ve gökleri su üstünde bir bütün olarak yarattığını bildirmektedir. Benzer bir ifade Tevrat'ta da bulunmaktadır (Kitab-ı Mukaddes, yaratılış-1). Kitab-ı Mukaddes'in ilgili bölümlerinde yeryüzü ve göklerle ilgili verilen bilgiler ve Kur'an'da ilgili konudaki ayetler Tablo 1'de verilmiştir

Tablo 1: Tevrat'tan yaratılış tasvirleri

Tevrat'ta geçen kavram	Kur'an'daki ayet ve numarası
Başlangıçta **Tanrı göğü ve yeri yarattı**.	Enbiya 30
Yer boştu, yeryüzü şekilleri yoktu; engin karanlıklarla kaplıydı. **Tanrı'nın Ruhu suların üzerinde dalgalanıyordu**.	Hud 7
Tanrı, "Işık olsun" diye buyurdu ve **ışık oldu**. Tanrı ışığın iyi olduğunu gördü ve onu karanlıktan ayırdı. **Işığa "Gündüz", karanlığa "Gece"** adını verdi. Akşam oldu, sabah oldu ve ilk gün oluştu.	Mülk 5 Duha 2 Şems 4 Naziat 29
Tanrı, "Suların ortasında bir kubbe olsun, suları birbirinden ayırsın" diye buyurdu. Ve öyle oldu. Tanrı gökkubbeyi yarattı. **Kubbenin altındaki suları üstündeki sulardan** ayırdı.	Hud 44 Kamer 11 Enbiya 30 Rahman 19,20
Tanrı kubbeye "Gök" adını verdi. Akşam oldu, sabah oldu ve ikinci gün oluştu. Tanrı, "Göğün altındaki sular bir yere toplansın ve **kuru toprak görünsün**" diye buyurdu ve öyle oldu. **Kuru alana "Kara", toplanan sulara "Deniz" adını verdi**. Tanrı bunun iyi olduğunu gördü.	Rahman 7, 19 ve 20, Enbiya 32, Nuh 17,18
Tanrı, "Yeryüzü bitkiler, tohum veren otlar ve türüne göre tohumu meyvesinde bulunan meyve ağaçları üretsin" diye buyurdu ve öyle oldu. Yeryüzü bitkiler, türüne göre tohum veren otlar ve tohumu meyvesinde bulunan meyve ağaçları yetiştirdi. Tanrı bunun iyi olduğunu gördü.	Fussilet 9-12 Hicr 19

Akşam oldu, sabah oldu ve üçüncü gün oluştu. Tanrı şöyle buyurdu: "Gökkubbede gündüzü geceden ayıracak, yeryüzünü aydınlatacak ışıklar olsun. Belirtileri, **mevsimleri, günleri, yılları göstersin**." Ve öyle oldu. Tanrı büyüğü gündüze, küçüğü geceye egemen olacak **iki büyük ışığı ve yıldızları yarattı.**	Yunus 5 Mülk 5 Nuh 16 Saffat 6 Vakıa 75
Yeryüzünü aydınlatmak, **gündüze ve geceye egemen olmak, ışığı karanlıktan ayırmak için onları gökkubbeye yerleştirdi**. Tanrı bunun iyi olduğunu gördü. Akşam oldu, sabah oldu ve dördüncü gün oluştu.	İbrahim 33 Mülk 5 Nuh 16
Tanrı, "Sular canlı yaratıklarla dolup taşsın, yeryüzünün üzerinde, gökte kuşlar uçuşsun" diye buyurdu. Tanrı büyük deniz canavarlarını, sularda kaynaşan bütün canlıları ve uçan varlıkları türlerine göre yarattı. Bunun iyi olduğunu gördü. Tanrı, "Verimli olun, çoğalın, denizleri doldurun, yeryüzünde kuşlar çoğalsın" diyerek onları kutsadı. Akşam oldu, sabah oldu ve beşinci gün oluştu.	Naziat 31 Enam 38
Tanrı, "Yeryüzü türlü türlü canlı yaratıklar, evcil ve yabanıl hayvanlar, sürüngenler türetsin" diye buyurdu. Ve öyle oldu. Tanrı türlü türlü yabanıl hayvan, evcil hayvan, sürüngen yarattı. Bunun iyi olduğunu gördü.	Naziat 33
Tanrı, **"İnsanı kendi suretimizde, kendimize benzer yaratalım" dedi**, "Denizdeki balıklara, gökteki kuşlara, evcil hayvanlara, sürüngenlere, **yeryüzünün tümüne egemen olsun**." Tanrı insanı kendi suretinde yarattı.	Secde 9 Hicr 29 Bakara 30
Böylece insan Tanrı suretinde yaratılmış oldu. **İnsanları erkek ve dişi olarak yarattı.** Onları kutsadı ve, "**Verimli olun, çoğalın" dedi**, "Yeryüzünü doldurun ve **denetiminize alın;** denizdeki balıklara, gökteki kuşlara, yeryüzünde yaşayan bütün canlılara egemen olun	Bakara 30 Nisa 1 Hucurat 13
İşte yeryüzünde tohum veren her otu ve tohumu meyvesinde bulunan her meyve ağacını size veriyorum. Bunlar size yiyecek olacak. Yabanıl hayvanlara, gökteki kuşlara, sürüngenlere - soluk alıp veren bütün hayvanlara - yiyecek olarak yeşil otları veriyorum." Ve öyle oldu. Tanrı yarattıklarına baktı ve her şeyin çok iyi olduğunu gördü.	
Akşam oldu, sabah oldu ve **altıncı gün oluştu**.	Fussilet 9-12 Kaf 33 Yunus 3 Hud 7

Tevrat'taki yaratılışla ilgili bilgilerle Kur'an'da verilen bilgilerin paralellik arz ettiği görülmektedir. Yaratılış safhalarını en ayrıntılı bir şekilde anlatan Fussilet suresinin 9-12. ayetlerinde bu yaratma işinin nasıl olduğu bildirilmiştir. Yer ve göklerin toplamda altı günde yaratıldığı Hud suresi 7. ayette bildirilmiştir. Fussilet suresinde (9-12. ayetler) ise bu altı günde neler yapıldığı tafsilatlı olarak verilmiştir. Fussilet suresi 9. ayette yerin iki günde yaratıldığı, Fussilet suresi 12. ayette ise göklerin yedi kat olarak iki günde yaratıldığı belirtilmiştir. Fussilet suresi 10. ayette ise yeryüzünde baskıların oluşturulması ve rızıkların taksiminin dört günde oluştuğu bilgisi yer almaktadır. Fussilet suresinin 9. ayetinde (خَلَقَ الأرْض فِي يَوْمَيْنِ) yerin iki günde yaratıldığı belirtilirken, planlayarak yoktan var etme anlamında bir kelime olan *halaka* (خَلَقَ) kelimesi kullanılmıştır. Bu süreç, tüm evrenin yaratılmasını içermekte olup akabindeki dört günde de yeryüzünün özelliklerinin, işleyişinin ve sürdürülebilirlik sabitelerinin yaşama uygun hâle getirilmesi yapılmıştır. Bu ise yaratma, bir şeyi uygun hâle getirme, dönüştürme gibi anlamları olan *ceale* (وَجَعَلَ) kelimesi ile ifade edilmiştir. Fussilet suresi 12. ayette ise yeni bir yaratılış yerine yargı (hükmetme) anlamındaki *kaza* (قضاء) kelimesi kullanılmıştır. Bu ayetteki *kaza* kelimesinin "yaratma" olarak çevrilmesi durumunda; yaratmanın 2+2+4= 8 günde oluştuğu anlamı oluşur ki bu durum hem Kur'an hem de Tevrat'taki yaratılışın altı günde olduğu bilgisiyle çelişecektir. *Kaza* kelimesi zaten yaratma anlamında olmayıp yaratılmış bir cismin formunun ne olması gerektiğine hükmedilmesi anlamındadır. Bu formun ne olduğu ise Enam suresi 14. ayet ve Enbiya suresi 30. ayette belirtilmiştir. Bu üç ayet birlikte yorumlandığında; yeryüzünün yekpare olarak yaratıldığı, sonrasında ise gök denen kısmın yerden yarılarak ayrılmasına hükmedildiği ve göğün fıtık şekilde yeryüzü katmanından yükseltilerek ayrıldığı bilgisi elde edilmektedir. Fussilet suresinin 10. ayetinde kullanılan *ravasiye* (رَوَاسِيَ) kelimesi ile dağların kastedilmediği, yeryüzünün gökten ayrılmasından sonra canlı yaşamına müsait kılınmak için katılaştırmak ve sertleştirmek üzere yerin baskılandığı ve hareketsizlik özelliği kazandırıldığı anlatılmıştır. Gökyüzü ise baskılanmadığından katı olmayıp şeffaf bir malzeme olarak kalmıştır.

Enbiya suresi 30. ayette ilave olarak Allah (c.c.), her canlı şeyi sudan yarattığını bildirmiştir. Her üç surenin ayetleri birlikte değerlendirildiğinde her şeyin sudan yaratıldığı, yaratılma ortamının su olduğu, iki günde göklerle yerin yaratıldığı, dört günde yer ile göklerin birbirinden ayrılıp yerin yoğunlaştırıldığı (yer üzerinde baskılar oluşturma / *kesif* maddeye dönüştürülmesi) ve göğün buhar hâlinde (saydam) olarak bırakıldığı anlaşılmaktadır.

Günümüz yer ve gök teorilerine göre bu ayetleri konumlandırmak zorlaşmaktadır. Günümüz teorilerinde uzay (*space*) kavramı olup boşluk olduğu bilinmektedir. Yeryüzünün küre şeklinde olduğu ve uzay boşluğunda Güneş sistemindeki diğer gezegenler gibi Güneş ve kendi etrafında döndüğü teorisi kabul edilmiş durumdadır. Bu oluşumun ise *big-bang* (büyük patlama) sonrası olduğu görüşü vardır. Hâlbuki Kur'an'a göre yeryüzü ve göklerin yaratılmasının bir büyük patlama olayıyla olmadığı, bizzat su içinde her ikisinin birlikte yaratıldığı, sonra da bütünleşik hâli muhafaza edilecek şekilde yedi kat gök ile yeryüzünün birbirinden ayrıldığı ve yerin yoğun (toprak), göklerin ise saydam madde olarak bırakıldığı belirtilmiştir. Özellikle Talak suresinin 12. ayetinde, yerin göklerin misli kadar olduğunun bildirilmesiyle bu ayrılmanın nasıl olduğu daha iyi anlaşılmaktadır:

اللهُ الَّذِي خَلَقَ سَبْعَ سَمَاوَاتٍ وَمِنَ الْأَرْضِ مِثْلَهُنَّ يَتَنَزَّلُ الْأَمْرُ
بَيْنَهُنَّ لِتَعْلَمُوا أَنَّ اللهَ عَلَى كُلِّ شَيْءٍ قَدِيرٌ وَأَنَّ اللهَ قَدْ أَحَاطَ بِكُلِّ
شَيْءٍ عِلْمًا

Allah O´dur ki yedi göğü ve yerden de onlar kadarını yarattı. Emir bunlar arasında iner ki Allah'ın her şeye kâdir olduğunu ve Allah'ın bilgisinin, her şeyi kuşattığını bilesiniz. (Elmalılı Hamdi Yazır)

Allah, yedi göğü ve yerden bir o kadarını yaratandır. Allah'ın emri bunlar arasından inip durmaktadır ki, Allah'ın her şeye kadir olduğunu ve Allah'ın her şeyi ilmiyle kuşattığını bilesiniz. (Diyanet Vakfı)

Bu ayetteki misli kelimesiyle yeryüzü ile yedi kat göklerin ebat olarak aynı olduğu belirtilmiştir. Zaten bütünleşik bir yapının bütünlüğü bozulmadan birbirinden ayrılmaları hâlinde her iki katın da aynı kesit alanına sahip olacağı bir gerçektir. Benzer bir durum Âl-i İmran suresinin 133. ayetinde de görülmektedir. Ayetin meali (Elmalılı Hamdi Yazır'a göre) "*Ve koşuşun Rabbinizden bir bağışlanmaya ve takva sahipleri için hazırlanmış eni gökler ve yer genişliğinde olan cennete.*" şeklindedir. Bu ayette Allah (c.c.), cennetin genişliğini, yer ve göklerin genişliği kadar olduğunu bildirmiştir. Burada sadece genişlik verilmesi ve uzunluktan bahsedilmemiş olması, yer ve göklerin daire şeklinde olduğunu ima etmektedir. Ayette geçen *arduha* kelimesinin aynı zamanda kubbelerin genişliğinin belirtilmesinde de kullanılabildiği göz önüne alındığında yer ve göklerin kesitlerinin daire şeklinde olduğu anlaşılmaktadır. Talak suresinin 12. ve Âl-i İmran suresinin 133. ayetlerinden yer ile 7 kat göklerin daire kesitine sahip ve aynı çapta nesneler olduğu anlaşılmaktadır. Tüm ayetler birlikte yorumlandığında; yerin daire formunda, göklerin de bu yapı üzerinde kat kat kubbe formunda bulunduğu anlaşılmaktadır. Göklerin tabakalar hâlinde olduğu, Mülk suresinin 3. ayetinde; bunların katlı bir bina şeklinde oluşturulduğu ise Nebe suresinin 12. ayetinde bildirilmiştir:

الَّذِي خَلَقَ سَبْعَ سَمَاوَاتٍ طِبَاقًا مَّا تَرَى فِي خَلْقِ الرَّحْمَنِ مِن تَفَاوُتٍ
فَارْجِعِ الْبَصَرَ هَلْ تَرَى مِن فُطُورٍ

O, yedi göğü, birbiri üzerine yarattı. Rahman'ın yaratmasında bir aykırılık, uygunsuzluk görmezsin. Gözünü döndür de bak, bir bozukluk görüyor musun? (Elmalılı Hamdi Yazır)

O, yedi göğü tabaka tabaka yaratandır. Rahman'ın yaratışında hiçbir uyumsuzluk göremezsin. Bir kere daha bak! Hiçbir çatlak (ve düzensizlik) görüyor musun? (Diyanet Vakfı)

وَبَنَيْنَا فَوْقَكُمْ سَبْعًا شِدَادًا ١

Üstünüze yedi sağlam bina (gök) çattık. (Elmalılı Hamdi Yazır)

Üstünüze yedi sağlam gök bina ettik. (Diyanet Vakfı)

Bu ayetler, yer ve göklerle ile ilgili günümüzde kabul edilmiş uzay ve küre teorisi ile çelişmektedir. Günümüz yeryüzü formu teorisi, küre şekline bağlanmış durumdadır. Yeryüzünün küre olması hâlinde ve göklerin uzay boşluğu kabul edilmesi hâlinde ayetlerin ifade ettiği; yer ile göklerin aynı genişlikte olması, göklerin yer üzerine yedi kat olacak şekilde bina edilmesi, yer ile göklerin birbirlerine bütünleşik hâli devam edecek şekilde arasının ayrılması durumu izah edilmez bir hâl almaktadır. Dolayısıyla gökler ve yer kavramlarının küre ve uzay kavramıyla örtüşmediği bir gerçek olarak karşımıza çıkmaktadır. Her ne kadar gökler kavramını küre modelinde yerküreyi saran atmosfer tabakaları olarak kabul edenler olsa da durumun bu olmadığı birçok ayet ve peygamberimiz Muhammed Mustafa (a.s.)'nın hadisiyle örtüşmediği görülmüştür.

Muhammed Mustafa (a.s.) şöyle buyurdu:

Ben Kâbe'nin Hatîm kısmında uyku ile uyanıklık arasında idim... Yanıma merkepten büyük, katırdan küçük beyaz bir hayvan getirildi. Bu Burak'tı. Ön ayağını gözünün gördüğü en son noktaya koyarak yol alıyordu. Ben onun üzerine bindirilmiştim. Böylece Cibrîl (aleyhisselâm) beni götürdü. Dünyâ semâsına kadar geldik. Kapının açılmasını istedi... kapı açıldı.

Kapıdan geçince, orada Hazret-i Âdem aleyhisselâm'ı gördüm... Sonra Hazret-i Cebrâîl beni yükseltti ve ikinci semâya geldik... Sonra Cebrâîl beni üçüncü semâya çıkardı... dördüncü kat semâda Hazret-i İdrîs aleyhisselâm ile, beşinci kat semâda Hârûn aleyhisselâm ile, altıncı kat semâda ise Hazret-i Mûsâ aleyhisselâm ile karşılaştık... Sonra Cebrâîl beni yedinci semâya çıkardı ve İbrâhîm aleyhisselâm ile karşılaştık... Sonra Sidretü'l-Müntehâ'ya çıkarıldım... (Buhârî, Bed'ü'l-Halk, 6; Enbiyâ, 22, 43; Menâkıbu'l-Ensâr, 42; Müslim, Îman, 264; Tirmizî, Tefsîr 94, Deavât 58; Nesâî, Salât, 1; Ahmed, V, 418).

Bu hadis göstermektedir ki 7 kat sema, hâlihazırda kabul edilen küre modelindeki atmosfer tabakaları değildir ki zaten bu tabakalara günümüz insanları da çıkabilmektedir. Dolayısıyla bu 7 tabaka, atmosfer tabaklarından bambaşka gök tabakalarıdır.

Nebe suresinin 13. ve Furkan suresinin 61. ayetlerinde Allah (c.c.), en yakın göğe Güneş'i ve Ay'ı yerleştirdiğini ve burçları yarattığını bildirmektedir. Nuh suresinin 16. ayetinde Güneş'i siraç vasfında yarattığını bildirdiği için Allah (c.c.) buradaki sirac kelimesiyle Güneş'i ifade etmektedir. Her ne kadar siraç kelimesi kandil olarak tercüme edilmiş olsa da siracın etimolijik anlamının abajur olduğu giriş bölümünde verilmişti. Bu ayet meallerindeki kandili abajur olarak düşünmek yerinde olacaktır.

وَجَعَلْنَا سِرَاجًا وَهَّاجًا

İçlerine ışık saçan bir kandil astık. (Elmalılı Hamdi Yazır)

Alev alev yanan aydınlatıcı ve ısıtıcı bir kandil yarattık. (Diyanet Vakfı)

تَبَارَكَ الَّذِي جَعَلَ فِي السَّمَاءِ بُرُوجًا وَجَعَلَ فِيهَا سِرَاجًا وَقَمَرًا مُنِيرًا

Gökte burçları var eden, onların içinde bir kandil (Güneş) ve nurlu bir ay barındıran Allah, yüceler yücesidir. (Elmalılı Hamdi Yazır)

Göğe burçlar yerleştiren, orada bir ışık kaynağı (Güneş) ve aydınlatıcı bir ay yaratanın şanı çok yücedir. (Diyanet Vakfı)

Birinci Kat Gök ve İçindekiler

Diğer bir ayet olan Mülk suresi 5. ayette Allah (c.c.) gök cisimlerinin de en yakın gökte olduğunu bildirmiştir. Ayrıca Fussilet suresinin 12. ayetinde de yine en yakın gökte lambalar yarattığını, göğü bunlarla süslediğini ve bu lambaların (yanan ve ışık saçan nesneleri) şeytanları taşlamak için kullanıldığını da belirtmiştir. Zaten yıldızların oluşturduğu burçların da en yakın gökte olduğunu Furkan suresinin 61. ayetinde belirtmiştir. Bu ayetler ve hadis-i şerif, söz konusu 7 kat göklerin küre modelindeki atmosfer tabakaları olmadığını açık bir şekilde ortaya koymaktadır. Çünkü küre ve uzay modelinde Güneş, Ay, yıldızlar, burçlar ve gezegenler uzay boşluğunda olup yeryüzünün atmosfer tabakalarıyla alakası yoktur. Bu ayetlerde dünya kelimesi sıfat olarak kullanılmış olup 7 kat göklerden en yakın göğü belirtmektedir. Kur'an insanlara hitap ettiğinden, bu en yakın göğün, insanların Dünya hayatını yaşadığı yeryüzüne en yakın gök olduğu rahatlıkla anlaşılabilmektedir. Diğer bir delil ise İbrahim suresinin 33. ve Nahl suresinin 12. ayetleridir: **"Sürekli hareket eden Ay ve Güneş'i, geceyi ve gündüzü sizin emrinize verdi."** (Elmalılı Hamdi Yazır), **"Geceyi, gündüzü, Güneş'i ve ayı sizin hizmetinize O verdi. Bütün yıldızlar da O'nun emrine boyun eğmişlerdir. Şüphesiz ki bunda aklını kullanan bir toplum için ibretler vardır."** (Elmalılı Hamdi Yazır). Bu ayetlerde Allah (c.c.) mealen Güneş ve Ay'ı insanların istifadesine sunduğunu bildirmiştir ki bu ancak insanlara en yakın yerde konumlandırmak ile olacak bir durumdur. Bu ayetlerden yeryüzünde yaşayan biz insanların sadece 1. kat göğü görebildiğimiz, küre ve uzay modelinde uzayda konumlanmış gök cisimlerinin de aslında 1. kat gökte yaratılmış olduğu ve Güneş ve Ay'ın hareket ettiği anlaşılmaktadır. Bu ayetler de yine küre ve uzay modelini çürütmektedir. Kur'an'ın hiçbir ayetinde (yaptığım araştırma sonucuna göre) yeryüzünün (arz) döndüğüne yönelik bir ibare bulunmamasına rağmen Güneş ve Ay'ın hareketli olduğuna yönelik birçok ayet mevcuttur (İbrahim suresi 33. ayet, Yasin suresi 38, 39, 40. ayetler). Özellikle Yasin suresinin 40. ayetinde Güneş'in Ay'a yetişemeyeceğinden bahsedilmekte, Güneş ve Ay'a bağlı olarak gerçekleşen gecenin de gündüzü geçemeyeceğine vurgu yapılmaktadır. Ayetin sonunda ise gece ve gündüzün oluşumuna sebep olan Güneş ve Ay'ın bir felekte yüzdüğünden bahsetmektedir. Her ne kadar *felek* (ف ل ك) kelimesi meallerde yörünge olarak tercüme edilse de kelime, gemileri tanımlamada kullanılmaktadır. Bu kelime Türkçede de filika olarak bazı deniz araçlarını tanımlamada kullanılmaktadır. Güneş, Ay, gece ve gündüzün bir gemi içinde yüzdüğünden bahsedilmektedir. Bu geminin ise yeryüzü olduğu Yasin suresinin 41. ayetinde açıkça belirtilmiştir. Hem Zümer suresi hem de Fatır suresinde geçen ayetler de Yasin suresinin 40. ayetini desteklenmektedir. Hem Zümer suresinin 5. ayeti hem de Fatır suresinin 13. ayeti benzer cümle yapısında olup gece, gündüz, Güneş ve Ay ile ilgili bilgiler içermektedir. Gece-gündüz çevrimi; Yasin suresinin 37. ayetinde geceden gündüzün soyulması SLH (خ س ل) kelimesi ile ifade edilirken Fatır suresinin 13. ayetinde gecenin gündüzün içine, gündüzün de gecenin içine sokulması VLC (و ل ج) kavramı ile ifade edilmiş ve Zümer suresinin 5. ayetinde gecenin gündüz üzerine, gündüzün de gece üzerine sarılması KVR (ك و ر) kelimesi ile ifade edilmiştir. Her üç ayet de gece ve gündüzün içi içe olduğunu vurgulamaktadır.

Fatır suresi 13. ayet:

يُولِجُ ٱلَّيْلَ فِى ٱلنَّهَارِ وَيُولِجُ ٱلنَّهَارَ فِى ٱلَّيْلِ وَسَخَّرَ ٱلشَّمْسَ وَٱلْقَمَرَ كُلٌّ يَجْرِى لِأَجَلٍ مُّسَمًّى ۚ ذَٰلِكُمُ ٱللَّهُ رَبُّكُمْ لَهُ ٱلْمُلْكُ ۚ وَٱلَّذِينَ تَدْعُونَ مِن دُونِهِۦ مَا يَمْلِكُونَ مِن قِطْمِيرٍ

O, geceyi gündüze sokuyor, gündüzü de geceye sokuyor. Güneş'i ve ayı emrine âmâde kılmıştır. Her biri mukadder bir gayeye akıp gidiyor. İşte bu gördüklerinizi yapan Allah sizin Rabbinizdir. Mülk (hükümranlık) O´nundur. O´ndan başka taptıklarınız ise, bir çekirdek zarını bile idare edemezler. (Elmalılı Hamdi Yazır)

Allah, geceyi gündüzün içine sokar, gündüzü de gecenin içine sokar. Güneş'i ve Ay'ı da koyduğu kanunlara boyun eğdirmiştir. Her biri belirli bir vakte kadar akıp gitmektedir. İşte bu, Allah'tır, Rabbinizdir. Mülk yalnızca O'nundur. Allah'ı bırakıp da ibadet ettikleriniz, bir çekirdek zarına bile hükmedemezler. (Diyanet Vakfı)

Bu ayetlerde gece ve gündüzün birbirini takip ettiği değil birbiri içine girip çıktığından bahsedilmiştir. Küre modelde gece ve gündüzün birbiri içine girip çıkması olanak dâhilinde değildir, sadece birbirini takip eden iki durum özelliğindedir. Hâlbuki Allah (c.c.) gece ve gündüzün birbiri içine girip çıktığını belirtmiş, akabinde de bu olayın Güneş ve Ay'ın hareketine bağlı olduğunu belirten *vesahhare* ifadesini getimiştir. Bu kelime, "bir şeyi ait olduğu amaca yönelik zorla sevk etmek" anlamında kullanılmaktadır. Dolayısıyla Güneş ve Ay'ın gece ve gündüz oluşumundaki harekteleri modern bilim paradigması ile örtüşmemektedir. Her iki ayetin yeryüzü ve gökler ile ilgili içerdiği bilgi aynıdır. Bu bilgi ise Yasin suresi 40. ayette bahsedilen bilgilerin açıklaması şeklindedir. Allah (c.c.) her 3 ayette de gece ve gündüz olaylarının Güneş ve Ay'ın hareketine bağlı olduğunu vurgulamıştır. Güneş ve Ay'ın bir hat üzerinde hareket ettiğini belirtilen kelime ise *yecri*'dir. Türkçede de kullanılan *cereyan* kelimesi de aynı kelime kökünden gelmektedir. Bilindiği gibi cereyan ile akım, bir yöne doğru akma durumu ifade edilir (TDK sözlük). Elektrik akımı bir kablo üzerinde taşınmaktadır. Yani elektrik akımında elektronlar bir tel üzerinde hareket ederek yol almaktadır. Arap dilinde ise bir nehrin akması, hava akımı, rüzgârın esmesi (bu anlam Türkçede de kullanılmaktadır; "cereyanda kaldım" gibi) vb. ifadelerde kullanılır. Kelimenin kullanım yerleri dikkate alındığında bir hat üzerinde hareket etmeyi ifade ettiği anlaşılmaktadır. Zümer suresinin 5. ayetinde gecenin gündüz üzerine sarılması ve gündüzün gece üzerine sarılması kavramlarından Güneş ve Ay'ın hareket ettiği hattın dairesel olduğu çıkarımı yapılacağından hem Güneş'in hem de Ay'ın bir yörüngede hareket ettiği anlaşılmaktadır ki Yasin suresinde Güneş'in Ay'a yetişemeyeceğine yönelik verilen bilgi Güneş ve/veya Ay'ın hareketli olması hâlinde anlam kazanır, aksi takdirde boş ve anlamsız bir ifade olur ki haşa Allah (c.c.) bundan münezzehtir. Allah (c.c.) gerçek olmayan bilgi ve haber vermez, yalan söylemez. Allah (c.c.)'ın verdiği bilgi; mutlak, gerçek ve varsayımsallıktan uzaktır. Bu bilgiye ilave olarak ayetin devamında verilen, gecenin gündüze yetişmeme durumu ve hem Güneş'in hem de Ay'ın bir felekte yüzüyor olması, Güneş ve Ay'ın hareketli olduğunu ve hareket düzlemlerinin de aynı olduğunu göstermektedir. Farklı düzlemde hareket eden iki cismin birbirine yetişme durumundan bahsetmek abesle iştigaldir. Bu ise Kur'anî bilgiye ters bir durumdur. Kur'an hak ve gerçek bilgi kaynağıdır, onda ne bir tezat, ne bir teori, ne de bir mutlak olmayan bilgi bulunmaz. Küre modelinde Ay ve Güneş farklı düzlemde hareket etmektedir. Ay Dünya çevresinde dönerken Güneş'in farklı bir düzlemde Güneş sistemiyle bir bütün olarak hareket ettiği varsayımı mevcuttur. Bu durumda zaten yetişme veya yetişmeme diye bir olay olmayacağından ve de Kur'an'ın verdiği bilgi varsayımsallıktan uzak, mutlak bilgi olduğundan; küre sisteminin öngördüğü Ay ve Güneş teorisinin doğruluğu tartışılabilir bir hâl almaktadır. Zaten ayetin sonunda her ikisini de (Güneş ve Ay) bir felekte yüzdüğü bilgisi verilmektedir. Yasin suresinin 40. ayeti, tek başına bile küre sisteminin teorisini çürütmeye yetecek bilgi vermektedir. Küre modelinde gece ve gündüz oluşumu Dünya'nın kendi ekseni etrafındaki hareketine bağlanmasına karşın bu ayet, gece ve gündüz oluşumunu 1. kat gökte aynı düzlemde hareket eden Güneş ve Ay'ın hareketine bağlamıştır. Gecenin gündüze yetişme durumu, Güneş'in Ay'a yetişme olayı ve Güneş ve Ay'ın bir felekte hareket ediyor olma bilgisi ile birlikte verilmiştir. Bu bilgi, gece ve gündüz oluşumunun sadece Güneş ve Ay'ın hareketine bağlı olarak gerçekleştiğini göstermektedir. Bu ayette bir incelik daha göze çarpmaktadır ki o da Güneş'in Ay'a yetişmesinden bahsetmesine rağmen Ay'ın Güneş'e yetişmesinden bahsetmeyişidir. Normalde insan için Güneş'in daha önemli ve büyük olması açısından Ay'ın Güneş'e yetişmesinden bahsetmesi beklenirdi ancak Kur'an tam tersi bir bilgi vermiştir. Bu bilgi aslında aynı düzlemde hareket eden iki cisimden her birinin hızlarının farklı olması, Güneş'in daha hızlı olması durumunda bir anlam kazanacaktır. Dolayısıyla Kur'an, bu ifadeyle Güneş'in Ay'dan daha hızlı olduğunu da belirtmiştir. Günümüz küre ve uzay modelinin aksine yeryüzünün sabit, Güneş ve Ay'ın yeryüzü üzerinde (1. kat gökte) hareket ettiği bildirilmiştir. Bu durumu ayrıca Bakara suresi 258. ayetinde İbrahim (a.s.)'in Nemrut'a hitabında da ima edilmiştir. "**Allah, kendisine hükümdarlık verdi diye, Rabbi hakkında İbrahim'le tartışanı görmedin mi? Hani İbrahim, ona: 'Benim Rabbim odur ki, hem diriltir, hem öldürür.' dediği zaman: 'Ben de diriltir ve öldürürüm.' demişti. İbrahim: 'Allah Güneş'i doğudan getiriyor, haydi sen onu batıdan getir!' deyince o inkâr eden herif şaşırıp kaldı. Öyle ya, Allah zalimler topluluğunu doğru yola iletmez.**" Burada İbrahim (a.s.) bizzat Güneş'in doğudan geldiğini bildirmektedir ki bu ifadeden; yeryüzünün sabit, Güneş'in ise yeryüzü üstünde bir yörüngede hareket etmesi nedeniyle yeryüzünün muhtelif bölgelerine muhtelif zaman dilimlerinde gelip gittiği anlaşılmaktadır. *Yeğti* kelimesi ile bu durum anlatılmıştır. Güneş her ne kadar dairesel bir yörüngede (1. kat göğün yuvarlak olması hasebiyle) hareket etse de yeryüzünün üstünde olması nedeniyle yeryüzü yüzeyindeki hareket özelliği doğrusal olmaktadır ki bu durumu en güzel ifade eden kelime *yeğti* (getirme) kelimesidir.

Yukarıda verilen hadise farklı bir açıdan bakılacak olursa; hadiste birinci kat gökten çıkmak için izin istendiği ancak diğer katlara geçişte böyle bir izin istenmediği görülür. Bu durum, yeryüzünden göklere çıkışın izne bağlı olduğu, çıkış kapılarının bulunduğunu bildirmektedir ki Araf ve Nebe surelerinde bu yapı gözler önüne serilmiştir. Aslında Rahman suresinde de çıkışın zor olduğu Araf suresinin 40. ayetinde şu şekilde bildirilmiştir:

إِنَّ الَّذِينَ كَذَّبُواْ بِآيَاتِنَا وَاسْتَكْبَرُواْ عَنْهَا لاَ تُفَتَّحُ لَهُمْ أَبْوَابُ السَّمَاء
وَلاَ يَدْخُلُونَ الْجَنَّةَ حَتَّى يَلِجَ الْجَمَلُ فِي سَمِّ الْخِيَاطِ وَكَذَلِكَ نَجْزِي
الْمُجْرِمِينَ

Ayetlerimizi yalanlayanlar ve o ayetlere uymayı kibirlerine yediremeyenler var ya, onlara göklerin kapıları açılmaz. Onlar, deve iğne deliğinden geçinceye kadar cennete de giremezler! Biz suçluları işte böyle cezalandırırız. (Elmalılı Hamdi Yazır)

Bizim ayetlerimizi yalanlayan ve onlara inanmaya tenezzül etmeyenler var ya, iste onlara göğün kapıları açılmayacak ve deve (veya halat) iğne deliğinden geçinceye kadar onlar cennete giremeyeceklerdir. İste suçluları böyle cezalandırırız. (Diyanet Vakfı)

Nebe suresinin 19. ayetinde ise bu kapılar şu şekilde belirtilmiştir:

وَفُتِحَتِ السَّمَاءُ فَكَانَتْ أَبْوَابًا

Gök de açılmış, kapı kapı olmuştur. (Elmalılı Hamdi Yazır)

Gök açılır ve kapı kapı olur. (Diyanet Vakfı)

Rahman suresinin 33. ayetinde de bu çıkışın zor olduğu ancak bir sultanın izni ile, ki buradaki sultan kelimesi ile güç ve azamet sahibi Allah (c.c.) kastedildiğini düşünmekteyim, çıkışın mümkün olduğu vurgulanmıştır. Elmalılı Hamdi Yazır buradaki *gatara* fiilini "çevresinden" olarak tercüme etmiş olup yine bir daire şeklini ima etmektedir. Dolayısıyla hem gökler hem de yerin daire şeklinde olduğu ve kimi tercümelerde de geçtiği üzere çevresinden geçmenin bir sultanın iznine bağlı olması durumu, yine insanların yer ile gökler arasında bulunduğunu ve çıkmanın gökte kapılar açılıncaya kadar imkânsız olduğunu vurgulamaktadır. Her üç ayetin birlikte değerlendirilmesi hâlinde; insanların, yeryüzü ile 1. kat gök arasında yaşadığı, görülen tüm gök cisimlerinin de 1. kat gökte bulunduğu, gök kapıları açılmadan 1. kat göğü geçmenin imkânsız olduğu anlaşılmaktadır ki bu durum da küre ve uzay modelini çürütmektedir. Aslında bu modelde belirtilen uzayın 1. kat gök altında bulunan kısım olduğunu düşünmekteyim.

Bu durumda da uzay ve küre modeli anlamını yitirmektedir. Yer ve gökler formunun küre ve uzay boşluğu şeklinde olmayıp yer ve yerin üstünde yükseltilmiş gökler şeklinde olduğu anlaşılmıştır. Zariyat suresinin 7. ayetinde göğün haleli olduğu vurgulanmıştır. Bu vurgu ise *habuk* kelimesi ile yapılmış olup bu kelime sık ve güzel dokunmuş kumaş anlamında kullanılmaktadır (Fahruddin er-Razi, Tefsiri Kebir, 20. cilt, s.337, Akçağ). Bu kavram, göğün boşluk olmadığını, geçirgen olmayan ancak şeffaf bir tabaka olduğunu vurgulamaktadır. Sıkı dokunmuş kumaş kavramının kullanılması ise göğün yapısının moleküler bazda sıkı bir yapı içerdiği, dolayısıyla da Mülk suresinin 5. ve Kaf suresinin 6. ayetlerinde geçen göğün çatlak bile içermemesi durumunu kuvvetlendirdiği anlaşılmaktadır. Mülk ve Kaf surelerinde sırasıyla geçen *fütuur* فُطُور ve *füruuc* فُرُوج kelimeleri; çatlak, yarık, delik ve gedik gibi anlamlara gelmektedir. Bazı felsefeciler, bu kelimeden dolayı göğün delinmeyeceği ve yarılmayacağı tespitini yapmışlardır (Fahruddin er-Razi, Tefsiri Kebir, 20. cilt, s.268, Akçağ). Göğün, küre modelinde belirtildiği gibi bir gaz bulutu olmadığını belirten diğer ayetler ise Tur suresi 44. ayet, Sebe suresi 9. ayet ve İsra suresi 92. ayetleridir. Bu ayetlerde, gökten parçanın düşmesinden bahsedilmiştir. **"Dilesek kendilerini yere geçiriveririz. Yahut gökten üzerlerine parçalar düşürüveririz..." -Sebe 9. "...yahut iddia ettiğin gibi, gökyüzünü üzerimize parça parça düşürmedikçe; yahut Allah'ı ve melekleri karşımıza getirmedikçe..." -İsra 92. "Gökten bir parçanın düştüğünü görseler, «Üst üste yığılmış bulutlardır.» derler..." -Tur 44.** Burada parça olarak *kisfe* kelimesi kullanılmıştır ki *kisfe* Arapçada elbise parçası anlamında kullanılmaktadır. Enbiya suresinin 104. ayeti de zaten göğün bir kumaş gibi toplanıp dürülebildiğini belirtmiştir: **"Yazılı kâğıt tomarlarının dürülmesi gibi göğü düreceğimiz günü düşün..." -Enbiya 104**. Gökten parçaların kopabileceğinin ve bu parçaların da bir elbisenin parçasını ifade eden *kisfe* ile belirtilmesi, Zariyat suresi 7. ayetteki *habuk* kelimesi ile büyük bir uyum göstermiştir. Bu ayetler, göğün bir tekstil kumaş yapısında yaratılmış olduğunu göstermektedir. Bilindiği gibi kumaş, ipliklerden dokuma veya örme tekniği ile üretilir. İplikler ise liflerden oluşmaktadır. Burada gök, *habuk* kelimesi ile dokuma tekniği ile üretilmiş kumaşa benzetilmiştir. Ancak nasıl bir liften üretildiğini, nasıl bir iplikten göğün dokunduğunu Allah (c.c.) bildirmemiştir. Gözlemlenebilen bir durum vardır ki o da bu yapının transparan (ışık geçirgen) ancak moleküler bazdaki cisimleri geçirmeyen bir yapıda oluşudur. Doku, kelime anlamı olarak belirli elemanlardan oluşan ve bütünlük taşıyan yapı olarak tarif edilmektedir. Zariyat suresi 7. ayette *habuk* kelimesi ile aslında göğün bütünlüğü bozulmayacak bir hâlde belirli elemanlardan oluşacak şekilde sıkı bir dokuma kumaş yapısında yaratılmış olduğunu ima etmektedir. Bu ayetler birlikte yorumlandığında küre modelindeki gök tasviri ile tamamen zıt bir gök betimlemesinin yapıldığı görülebilir. Göğün parçalanabileceği, parçalanması durumunda ise kumaş parçasına benzetilmesi (*kisfe*), yapısının tasvirinde dokuma kumaşa benzetilmesi (*habuk*) ve kıyamet günü göğün yerin üzerinden alınmasının ise kumaşın sarılmasına benzetilmesi (*netvi*); göğün bir gaz bulutu olmadığı, kumaş gibi katı ve transparan bir malzeme olduğunu göstermektedir. Bu bilgi bile küre modelini tamamen çürütmektedir. Çünkü küre modelinde gök bir gaz bulutu (atmosfer) olarak kabul edilir, sonrasında ise uzay boşluğu olduğu farz edilir (Şekil 13). Ancak Kur'an, göğü kumaş gibi katı bir cisim olarak tanımlar. Yani yeryüzünün üzerine yayılmış koruyucu bir bez olarak tasvir eder. O hâlde, "Yer ve gökler nerede durmaktadır?" sorusu gündeme gelecektir. Bu soruya ise Hud suresinin 7., Enbiya suresinin 30. ve Yasin suresinin 41. ayetleri cevap vermektedir.

Yasin suresi 41. ayet:

وَآيَةٌ لَّهُمْ أَنَّا حَمَلْنَا ذُرِّيَّتَهُمْ فِي الْفُلْكِ الْمَشْحُونِ

Onlar için bir delil de bizim, onların neslini dolu bir gemide taşımamızdır. (Elmalılı Hamdi Yazır)

Onların soylarını dolu gemide taşımamız da onlar için bir delildir. (Diyanet Vakfı)

Bu ayetin 37. ayetten başlayarak gökteki durumu ifade eden ayetlerden sonra gelmesi ve sonraki ayette de Allah (c.c.)'ın insanları suda boğmaktan bahsetmesinden dolayı söz konusu taşıma işinin yapıldığı geminin yeryüzü olduğu kolayca anlaşılmaktadır. Dolayısıyla yeryüzü ve üzerine bina edilmiş yedi kat gökler, su içinde bulunmaktadır (Yasin suresi 37-43. ayetler).

Yeryüzünün gemiye değil de dolu bir gemiye benzetilmesiyle ise yeryüzünün altının boş olmadığı; aynen bir gemi gibi suya batan kısmının bulunduğu ve buranın dolu olduğu bilgisi verilmiştir. Bu doluluğun ne zaman boşalacağı ise Zilzal suresinin 2. ayetinde yer alan; **"Yer, içindeki ağırlıkları çıkarıp dışarı attığı..."** (Elmalılı Hamdi Yazır) ifadesiyle belirtilmiştir. Bu ağırlığın ne olduğu konusu net olmayıp Hadid suresinin 25. ayeti yorumlanarak bunun erimiş demir maddesi olduğu öngörüsü yapılabilir ki zaten küre modelinde de yerin çekirdeğinin yüksek basınçtan dolayı katı hâlde bulunan yüksek sıcaklıkta (yaklaşık 6000 °C) demir-nikel (%4 kadar) alaşımı olduğu teorisi mevcuttur. Yeryüzün manyetik alanının da bu yapıdan kaynakladığı ve geminin ağırlığının (yeryüzünün çekirdeğinin -küre modeline göre-) ferro-manyetik özellikte olduğu bilimsel olarak kabul edilmiştir. Allah (c.c.) Hadid suresinin 25. ayetinde demirin yeryüzünde oluşumunu yaratma (*ceale* veya *halaga*) fiili ile değil gönderme (*inzal*) fiili ile ifade etmiştir. Bu nedenle söz konusu ağırlığın demir olduğu ve kıyamet günü bu yükün yeryüzüne çıkacağı Zilzal suresinde belirtilirken Yasin suresinin 41. ve Fussilet suresinin 10. ayetinde de bu basınca bir temas edilmiş olup yeryüzü ile göklerin ayrılmasından sonra yeryüzünde baskıların (*ravasiye*) oluştuğu bildirilmiştir. Her ne kadar bu baskıların dağlar olduğu görüşü yaygın ise de bu baskının geminin yükü olan demirin yüksek sıcaklıkta katı hâlde bulunmasını sağlayan basınç olduğu, bundan dolayı da yeryüzünün manyetik bir yapıda olduğu bilgisi ispatlanmış bir durum arz eder.

Aslında suda boğulma durumu Nuh tufanında yaşanmış olup bu tufanı bildiren ayetlerden de yeryüzü ve göklerin su içinde olduğu çıkarımı yapılabilmektedir.

Yasin suresi 43. ayet:

وَإِن نَّشَأْ نُغْرِقْهُمْ فَلَا صَرِيخَ لَهُمْ وَلَا هُمْ يُنقَذُونَ

Eğer dilesek onları boğarız da o zaman ne onların feryadına yetişen bulunur, ne de onlar kurtarılır. (Elmalılı Hamdi Yazır)

Biz istesek onları suda boğarız da kendileri için ne imdat çağrısı yapan olur, ne de kurtarılırlar. (Diyanet Vakfı)

Hud suresi 40. ayet:

حَتَّى إِذَا جَاء أَمْرُنَا وَفَارَ التَّنُّورُ قُلْنَا احْمِلْ فِيهَا مِن كُلٍّ زَوْجَيْنِ اثْنَيْنِ وَأَهْلَكَ إِلاَّ مَن سَبَقَ عَلَيْهِ الْقَوْلُ وَمَنْ آمَنَ وَمَا آمَنَ مَعَهُ إِلاَّ قَلِيلٌ

Nihayet emrimiz geldiği ve tennur (tandır veya geminin kazanı) tutuşup parladığı zaman dedik ki; "Erkeği ve dişisi olan her canlıdan ikişer tane, aleyhlerinde hüküm verilmiş olanların dışında, aileni ve iman etmiş olanları geminin içine yükle". Zaten beraberinde iman edenler çok az idi. (Elmalılı Hamdi Yazır)

Nihayet emrimiz gelip, tandır kaynamaya başlayınca (sular coşup taşınca) Nûh'a dedik ki: "Her cins canlıdan (erkekli dişili) birer çift, bir de kendileri hakkında daha önce hüküm verilmiş olanlar dışındaki âilen ile iman edenleri ona yükle." Ama, onunla beraber sadece pek az kimse iman etmişti. (Diyanet Vakfı)

Hud suresinin 44. ayetinde ise göğe suyunu tutması, yeryüzüne de suyunu çekmesi emredilmiştir:

وَقِيلَ يَا أَرْضُ ابْلَعِي مَاءكِ وَيَا سَمَاء أَقْلِعِي وَغِيضَ الْمَاء وَقُضِيَ الأَمْرُ وَاسْتَوَتْ عَلَى الْجُودِيِّ وَقِيلَ بُعْداً لِّلْقَوْمِ الظَّالِمِينَ

Allah tarafından denildi ki: "Ey yeryüzü suyunu yut! Ey gökyüzü sen de suyunu kes!" Ve sular çekildi. Emir yerine gelmiş oldu. Gemi de Cudi dağı üzerine oturdu. O zalim kavme böylece dünyadan uzak olun denildi. (Elmalılı Hamdi Yazır)

"Ey yeryüzü! Yut suyunu. Ey gök! Tut suyunu" denildi. Su çekildi, iş bitirildi. Gemi de Cûdî'ye oturdu ve "Zalimler topluluğu, Allah'ın rahmetinden uzak olsun!" denildi. (Diyanet Vakfı)

Hud suresinin 40 ve 44. ayetleri birlikte değerlendirildiğinde; 40. ayette suyun oluşumu, 44. ayette ise suyun giderilmesi belirtilmiştir. Suyun oluşumu belirtilirken "yerden su fışkırdı", "gökten yağmur yağdı" ifadeleri yerine "tandır kaynadı" ifadesi kullanılmıştır. *Vefarettennur* kelimesi bir şeyin taşması anlamında olup burada taşan ve taşılan yerin ne olduğunun yorumlanması gerekir. Burada taşan maddenin su olduğu bir gerçektir. Taşmanın nasıl olduğu ise bilinmeyen bir durumdur. Taşmanın oluşması için 4 parametrenin bulunması gerekir. Bunlar; taşan şey, taşmanın olduğu yer (taşan şeyin bulunduğu), taşmanın gerçekleştiği yer (taşan kısmın ulaştığı yer) ve taşmanın önündeki engelin kalkmasıdır. Bu parametrelerin oluşması hâlinde taşma durumu gerçekleşir.

Şekil 7: Taşma olayı (https://www.shutterstock.com/tr/image-photo/storm-water-drain-overflows-2013-338450969)

Taşma olayı içeriden dışarı olabileceği gibi dışarıdan içeri de olabilmektedir. Bu tamamen suyun bulunma durumuna ve basıncına bağlıdır. Şekil 7'de boru içindeki suyun kapak izolasyonu iyi olmadığından dışına taşması resmedilmiştir. Burada taşma için olması gereken 4 parametre de mevcuttur. Eğer borunun içi boş ve dışında basınçlı su olsaydı taşma dışarıdan içeriye doğru olacaktı. Her iki durum da taşma olarak adlandırılır.

Ayete tekrar dönecek olursak Nuh tufanında yeryüzünün gökten taşan su ile su altında kaldığı, 40. ayetteki "tandır kaynadı" ve 44. ayetteki "ey gök suyunu tut" ifadelerinden anlaşılmaktadır. Ayrıca Kamer suresi 11. ayette suyun gökte açılan kapıdan yeryüzünü doldurduğu net bir şekilde bildirilmiştir: **"Biz de derhâl nehir gibi devamlı akan bir su ile göğün kapılarını açtık."** (Diyanet Vakfı). Bu durum, aslında yeryüzü ve göklerin su içinde olduğunu açık bir şekilde ifade etmektedir. Suyun gökte açılan kapılardan girebilmesi ancak göğün üst kısmının su olması ile mümkün olabilecektir. Yeryüzünün gemiye benzetilmesi ve gökten su boşalması, yeryüzü ve 1. kat göğün oluşturduğu yapının su içinde olduğunu gözler önüne sermektedir. 1. kat gök billur bir tabaka olduğundan su dâhil hiçbir yoğun madde geçişine izin vermez ancak Allah (c.c.)'ın kudretiyle geçirgen hâle gelmektedir (Rahman suresi 33. ayet, Araf suresi 40. ayet, Nebe suresi 19. ayet). Işık gibi yoğun olmayan radyasyon geçişlerine ise izin vermektedir. 1. kat göğün durumunu Allah (c.c.) Neml suresinin 44. ayetinde tarif etmiştir: **"Ona 'köşke gir!' dendi. Melike onu görünce derin bir su sandı ve eteğini çekti. Süleyman 'Bu billurdan yapılmış, şeffaf bir zemindir' dedi. Melike dedi ki: 'Rabbim! Ben gerçekten kendime yazık etmişim. Süleyman'ın maiyyetinde, âlemlerin Rabbi olan Allah'a teslim oldum.'"**

Burada Süleyman (a.s.)'ın dilinden su geçirmez ancak ışık geçirgenliği olan bir malzemenin varlığı belirtilmiş olup aslında 1. kat göğün malzemesi hakkında bilgi verilmektedir. 1. kat gök, su geçirmez bir malzeme olmasına rağmen Nuh tufanında bir taşma olmuştur. Bu taşmanın aslında taşma durumunun oluşumu için gerekli 3 parametrenin bulunması nedeniyle, diğer bir parametre olan engelin kaldırılması sonucu oluştuğu düşünülebilir. Allah (c.c.)'ın "ey gök suyunu tut" emri ile göğün su geçirmezlik özelliği tekrar devreye girmiştir. "Tandır kaynadı" emri ile de taşmanın gerçekleşmesi için gerekli engelin kalkması olan göğün geçirgen hâle gelmesi ifade edilmiştir. Nuh tufanının oluşumu da yer ve göklerin su içinde olduğunu bildirmektedir. Küre ve uzay modelinde suyun taşacağı bir ortam bulunmamaktadır.

Yeryüzünün ve göklerin su içinde olduğu, Tevrat'ın Yaratılış kısmındaki "Tanrı, 'Suların ortasında bir kubbe olsun, suları birbirinden ayırsın' diye buyurdu. Ve öyle oldu. Tanrı gökkubbeyi yarattı. **Kubbenin altındaki suları üstündeki sulardan** ayırdı." ayetinde de vurgulanmıştır. Ayrıca buna yönelik gözlem verileri de mevcut olup en önemli gözlem, gökyüzünün ve denizin mavi, bulutların beyaz görünmesidir. Benzer durum Rahman suresinin 19-24. ayetleri arasında da vurgulanmış olup aralarındaki engelden dolayı birbirine karışamayan iki denizden bahsedilmiştir. Bilindiği gibi görme olayı ışık ile ilgili bir durum olup cismin yansıttığı (ışık kaynağı olmayan ancak üzerine düşen ışığı yansıtan cisimlerde görülen) veya yaydığı (ışık kaynağı olan cisimlerde görülen) ışığın göz merceğine gelmesiyle oluşur. 1700'lü yıllarda Isaac Newton görünür beyaz (gün) ışığın tek bir dalga boyunda olmadığını, dalga boyu karışımlarından oluştuğunu, 1800 yıllarda ise Frederick William Herschel görünür olmayan ışıkların (kızıl ötesi, mor ötesi gibi) olduğunu ve bu kısımdaki ışınların da farklı dalga boylarında ışınlardan oluştuğunu bildirmişlerdir. Görme olayı görünür bölgedeki dalga boyuna sahip ışınlar ile oluşmaktadır ki bu aralık 400-780 nm arasıdır. Bu bölge dışındaki ışınları göz, dedekte edemediğinden görme olayında kullanılmaz. 400-780 nm arasındaki ışın demeti (tüm dalga boyunun birlikte olması durumu) beyaz gözükür iken her bir farklı dalga boyundaki ışıklar farklı renkte gözükür.

400-450 nm arası mor, 450-485 nm arası mavi, 700-780 nm arası kırmızı renkte görülür. Herschel, 1800'lü yıllarda yaptığı deneylerde cisimlerin ışıkla etkileşme girdiğini ve bu etkileşimin ışığın dalga boyuna bağlı olarak gerçekleştiğini de ortaya koymuştur. Bir cisim üzerine ışık düştüğünde 3 olay gerçekleşir. Bunlar; yansıma, soğurma ve geçmedir. Işık ya cisim tarafından soğurulur (absorblanır), ya yansıtılır (reflekte edilir) veya ışık cisim içinden geçer (transmittans). Işık kaynağı olmayan cisimlerin görülmesi, sadece cismin yansıttığı ışık ile olmaktadır. Cisimlerin yansıttığı ışık ise ışık kaynağından gelen ışın demeti ve cismin soğurduğu dalga boyundaki ışık kısmıyla ilgilidir. Bir cismin üzerine beyaz ışık (görünür bölgedeki tüm dalga boyunu içeren ışık demeti) gönderildiğinde, cisim sadece mavi rengi oluşturan dalga boyu aralığını yansıtıp diğer dalga boylarını soğurduğunda cisim mavi, kırmızı rengi oluşturan dalga boyundaki ışığı yansıtması hâlinde ise kırmızı görülür. Bu prensip dâhilinde denizdeki suyun mavi tonda görülmesi; su üzerine düşen beyaz ışığın 450-485 nm aralığındaki ışınları yansıtması, diğer ışınları ise moleküler yapısındaki bağ enerjilerinin bir özelliği olarak soğurmasından kaynaklanmaktadır. Opak cisimler üzerine düşen elektromanyetik radyasyonu (ışık) molekül öz titreşim frekanslarının katları olduğu zaman soğururlar, aksi takdirde etkileşime girmezler. Etkileşime girmediği dalga boylarındaki ışıkları yansıtırken diğer dalga boylarındaki ışınları soğurarak titreşim genliklerini artırırlar. Benzer durum, şeffaf (transparan) cisimler için de geçerlidir. Bu durumda da şeffaf cismin absorbe ettiği ışınlar cisim tarafından engellendiğinden beyaz ışık demetinden bu ışınlar ayrılacak sadece etkileşime girmediği ışınlar geçecektir. Bulutun beyaz görünmesi ise yoğunluğu artan su molekülünün ışığın geçişini engelleme derecesini artıracak şekilde o bölgenin daha opak olmasından kaynaklanmaktadır. Gökyüzüne bakıldığında deniz gibi mavi görüldüğü, beyaz görülmediği görülecektir. Yeryüzü küre ve uzayda Güneş etrafında dönüyor olsa idi Güneş'ten gelen ışınlar doğrudan göze ulaşacağından toplam görünür ışık demetinden dolayı gökyüzünün beyaz olarak veya Güneş'ten gelen ışığın Güneş'teki yanma ile oluşması nedeniyle kırmızı dalga boyundaki yüksek orandan dolayı kırmızı görülmesi gerekecekti. Gökyüzünün mavi görünebilmesi; Güneş'in gökyüzünün altında olması ve gökyüzünün dış kısmında suyun bulunması ile mümkün olmaktadır. Gökyüzünün altında perde şeklindeki Güneş'ten yayılan ışınlar yeryüzüne yayıldığı gibi gökyüzüne de yayılmaktadır. Gökyüzü ışık geçirgen ve sıvı geçirmez bir tabaka olduğundan (Zariyat suresi 7. ayet, Mülk suresi 5. ayet ve Kaf suresi 6. ayet) Güneş'ten çıkan ışık 1. kat gökyüzünü geçer ve 1 ve 2. kat gökler arasındaki su tabakasından yansır. Su sadece mavi rengi veren dalga boyundaki ışınları yansıtacağından, sudan yansıyıp 1. kat gök tabakasından geçerek gözümüze gelen ışık sadece mavi renk olduğundan gökyüzü mavi renkte görülmektedir. Bu durum, uzay kavramını ve yeryüzünün küre ve Güneş etrafında dönüyor teorisini çürütmekte, Şekil 30'da verilen yer ve gök modelini doğrulamaktadır. Diğer bir olasılık ise Güneş'in perde olarak kabul edilmesi durumunda Güneş'in mavi renkli bir filtre olmasıdır. Bu durumda zaten ışık Güneş tarafından üretilmemektedir. Göklerin ve yerin aydınlanması Allah (c.c.)'ın nuru (Nur suresi 35. ayet) ile olmaktadır. Güneş'in bu kabuldeki fonksiyonu, yüksek ışık şiddetini azaltmak ve ışığın bir bölgeye odaklanmasını sağlamaktır. Bu durumda gök diye gördüğümüz mavi renkli şey aslında Güneş perdesi olabilir. Perde mavi renkli olduğundan sadece mavi rengin dalga boyunu geçirip diğer dalga boylarını absorbladığından gök mavi görülmektedir. Güneş olarak gördüğümüz beyaz renkli dairesel nesne ise bu durumda Güneş perdesinin açık kısmını oluşturmaktadır ki bu delikten nur direkt geçtiğinden beyaz görülmektedir.

Yeryüzünün küre şeklinde olmadığına delil teşkil edecek bir gelişme ise Covid-19 pandemisi nedeniyle atmosferde oluşan temizlenme sonucu görüş mesafesinin artmasıyla Tekirdağ'dan Uludağ'ın görüntülenmesidir (Şekil 8).

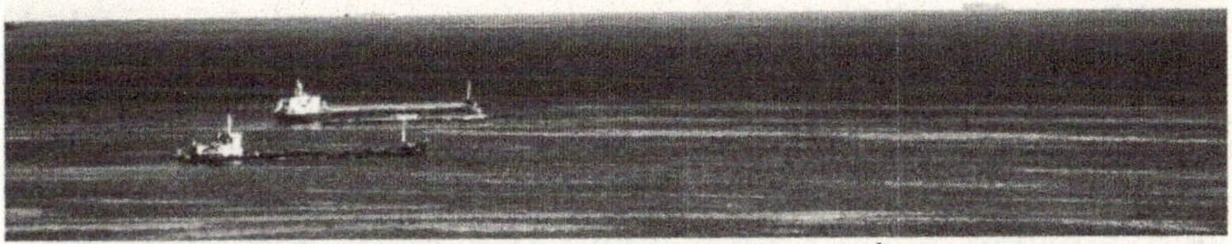

Şekil 8: Tekirdağ'dan Uludağ görüntüsü -mesafe 180 km- (İlker Uskan kadrajından) (https://images.bursadabugun.com/haber/2020/04/27/1282802-tekirdag-dan-uludag-i-gorduler-5ea67d77666df.jpg)

Küre modelinde yeryüzünün yarıçapının 6328 km olduğu kabul edilmiştir. Bu durumda yeryüzünü (küreyi) çevreleyecek çemberin çevresinin 2*π*r denklemi kullanılarak 39739,84 ≅ 40.000 km olduğu hesaplanabilir. Yine yer küresinin içine girecek çember yayından açı değişimi ile oluşacak kot farkı çember yarıçapına (r) bağlı olarak h = r*(1-cosα) şeklinde olmaktadır. Fotoğraf çekme yüksekliği (n) ve fotoğrafı çekilen cismin yerden yüksekliği (k) görüntünün fotoğraflanmasında etkili parametrelerdir. Fotoğrafın 1,5 m gibi bir yükseklikten çekildiği ve Uludağ'ın eteklerinin de resimden görülmesinden dolayı yaklaşık 100 m yüksekliğinden Uludağ'ın görüldüğü düşünüldüğünde; ölçüler k=100 m, n=1,5 m olur. Çemberin çevresinden her bir km yaya karşılık gelen açının ise α = 360/40.000 = 0,009 derece olduğu hesaplanabilir (Şekil 9).

Hiçbir atmosferik etki olmadığı düşünüldüğünde;

180 km'lik bir mesafe =180*0,009 =1,62 dereceye tekabül eder. Bu durumda da yüzeyden yüzeye düşüş; 6328*(1-cos1,62) = 2531 m'dir. Ancak dağın yüzeyden 100 m yüksekliğinden sonraki kısımları görüldüğünden yarıçap=6328,1 km olur. Yükseklik ise h ve n'nin toplamı olur. İlave edilen ölçüler Dünya'nın yarıçapına göre küçük ölçüler olduğundan kot farkına etkisi ihmal edilebilir.

Dolayısıyla küre modeline göre Şekil 8'de verilen fotoğrafta Uludağ ile resmin çekildiği Tekirdağ arasındaki kot farkı 2,5 km olduğundan Uludağ'ın görülmemesi gerekirken, görülmüştür. Söz konusu fotoğrafın sadece hobi olarak çekilmesi ise verinin herhangi bir art niyetli düşünceden uzak olarak oluşturulduğunu göstermektedir. Ayrıca https://www.youtube.com/watch?v=0Sx3rAdz2SA linkinde yayınlanan videoda Nikon P1000 zoom cihazı ile 93 km uzaklıktaki yerin görüntüsünün alınabildiği görüntülenmiştir. Burada da aynı hesap kullanıldığında küre modelde görüntülenmesinin imkânsız olduğu yine matematiksel hesaplamadan anlaşılacaktır. İlgili videodan da görüleceği üzere fotoğraf makinesi 100 m yükseğe konmuştur ve görüntülenen yer ise yüzeyden 627 m yüksektedir. Aynı formül kullanıldığında; 93 km karşılık gelen açı= 93*0,009= 0,837 derece, (6328+0,627)*(1-cos 0,837)= 0,6752km=675 m. Bu kot farkından dolayı küre Dünya modelinde bu yerin görüntülenmesi olanaksızdır.

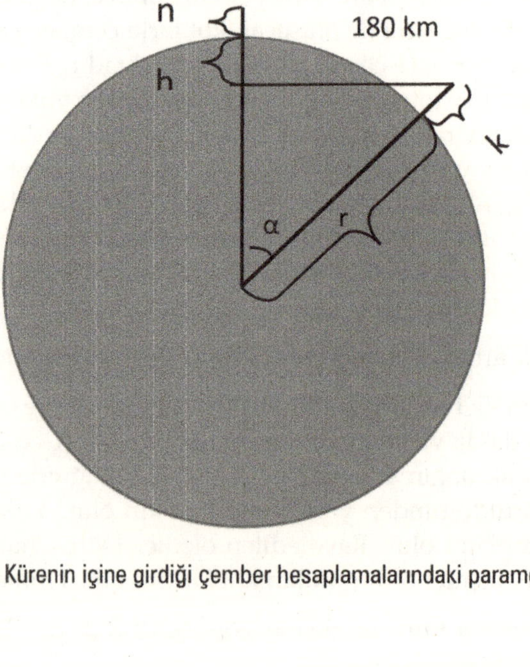

Şekil 9: Kürenin içine girdiği çember hesaplamalarındaki parametreler

Doha-Boston seferini yapan uçak rotası Şekil 10'da görülmektedir. Rota incelendiğinde uçak Doha'dan Boston'a giderken yüksekliğini sabit tutabilmesi için kademesiz olarak alçalması, Boston'dan Doha'ya giderken ise kademesiz olarak yükselmesi gerekmektedir (Şekil 10 ve 11). Ancak yolculuk esnasında böyle bir alçalma veya yükselme olayı uçak içinden hissedilmemektedir. Aslında uçağın alçalması ve yükselmesi hâlinde içindeki yolcular, bunu kendilerine etkiyen kuvvet etkisiyle hisseder. Uçakların inişlerinde bu alçalmanın etkisini hissetmeyen yolcu yoktur. Peki, bu rotada uçağın yere göre yüksekliğini sabit tutabilmesi için yapması gereken yükselme ve alçalma hareketi neden hissedilmiyor? Çünkü uçak böyle bir yükselme ve alçalma hareketi yapmıyor. Peki, yükselme ve alçalma hareketi yapmaması hâlinde küre yeryüzü modeline göre uçağın yerden yüksekliği nasıl sabit kalıyor? Katar-Grönland arası mesafenin yaklaşık 7500 km olduğu bilinmektedir. Grönland Kuzey Kutbu'na yakın bir bölge olup küre modelinde kürenin tepesinde yer almaktadır (65. enlem). Katar ise Ekvator'a yakın bir bölgede bulunmaktadır (25. enlem). İki enlem arası mesafe 111 km olduğuna göre Grönland-Doha arası enlem hesabından yaklaşık (65-25)*111 = 4440 km'dir. Bilindiği gibi enlemler küre modelinde yeryüzünü yatay bölen çizgilerdir. Şekil 9'da simüle edilen benzer hesaplama burada da Şekil 12'ye göre enlemler arası mesafeden yapıldığında

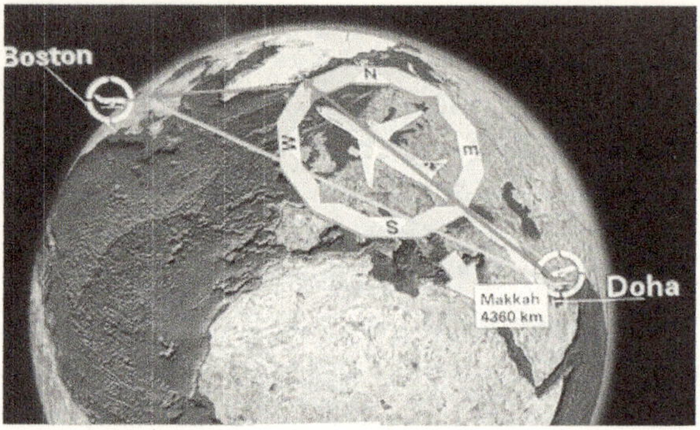

Şekil 10: Doha/Katar'dan Boston/ABD Katar hava yolları uçak rotası

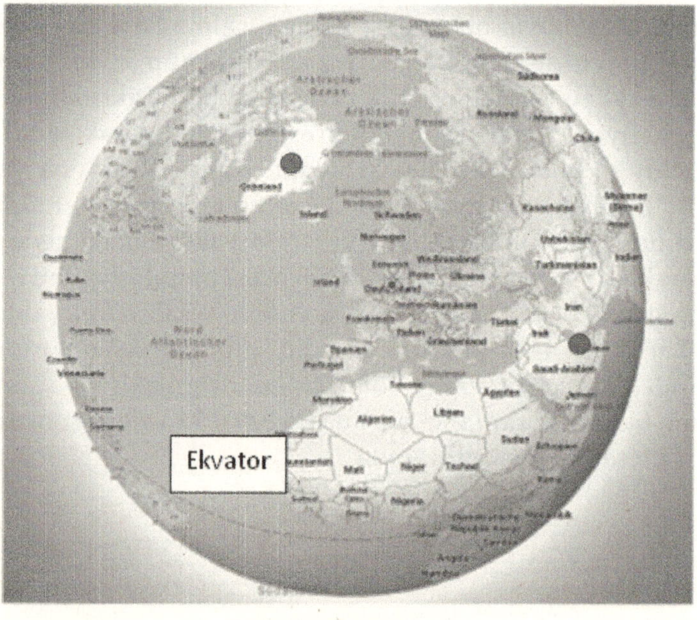

Şekil 11: Küre yeryüzü modelinde Katar Grönland konumları

4440 km'lik bir mesafe = 4440*0,009 = 39,96 ≅ 40 dereceye tekabül eder. Bu durumda da düşüş 6328*(1-cos40) = 1480 km'dir. Doha-Boston-Doha seferini yapan bir uçağın küre modelinde Doha'dan giderken 1480 km alçalması, Boston'dan gelirken ise yükselmesi gerekmektedir ki yerden yüksekliği sabit kalabilsin. Grönland'ın enleminin alınmasının sebebi uçağın önce Kuzey Kutbu'na doğru gitmesi ve Grönland'dan sonra tekrardan Güney Kutbu'na doğru gitmesidir. Küre modelinde rotadaki en uzak enlem Grönland olduğu için o enlem alınmıştır. Grönland'dan sonra uçak tekrar Ekvator'a doğru yöneldiğinden daha yakın enleme geçmektedir (Boston 42. Enlem).

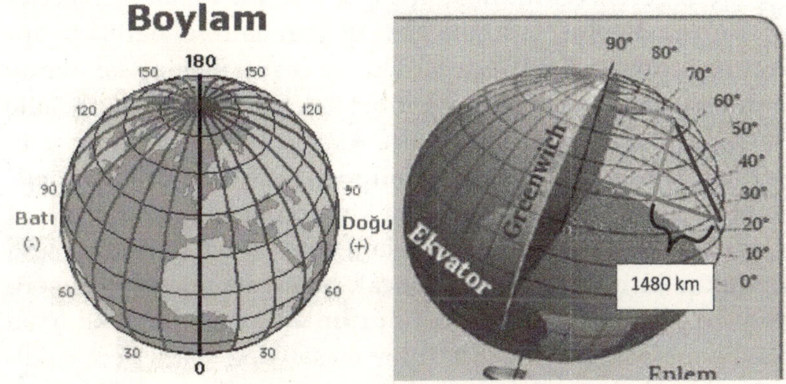

Şekil 12: Enlem görünümleri

Uçaklar, genelde yeryüzünden 10 km yüksekten uçarlar. Dolayısıyla Boston'dan Doha'ya giderken uçağın kademesiz olarak yükselmesi kaçınılmazdır. Çünkü Grönland-Doha arasındaki yükselti miktarı 1480 km'dir. Yükselmemesi hâlinde belirli bir süre sonra uçak havada değil yeryüzünde yol alıyor olur. Çünkü Dünya yarıçapı ve uçağın yüksekliği toplamından oluşan bir hipotenüs ve Dünya'nın yarıçapı bir kenarı, uçağın kalkış ile yere teması mesafesi diğer kenarı olan bir dik üçgen oluşacaktır. Bu üçgenin hipotenüsü bilenmektedir ve 6328+10=6338 km'dir. Dünya'nın yarıçapı 6328 km olduğundan; bilinmeyen diğer dik kenar uzunluğu Pisagor denklemde yerlerine yazılarak bulunur ki bu 357 km'dir. Yani uçağın 357 km sonra yere çakılması gerekir. Uçak, yeryüzüne paralel olmayan doğrusal bir hareket yapması hâlinde ise küre modelinin tasavvuru olan uzaya doğru yol alacaktır (Şekil 13).

Diğer bir durum ise uçağın doğrusal hareket yapmayıp küre (Dünya) çevresinde küre yarıçapı kadar bir radyüse sahip yay çizecek şekilde dairesel hareket yapmasıdır (Şekil 13). Bu durumda ise jiroskopun yön değiştirmesi veya uçağın ters dönmesi gerekecektir. Boston-Doha seferini yapan uçakta her iki durum da oluşmadığına göre uçağın dairesel hareket yaptığı söylenmez. Zaten uçağın Dünya çevresinde açısal olarak hareket edebilmesi için uçağın bir halat ile Dünya merkezine bağlanmış olması gerekecektir. Aksi takdirde uçağın dairesel hareket etmesi olanak dâhilinde değildir. Uçak doğrusal hareket yaptığından Dünya'nın küre olması hâlinde yeryüzü zemini yay şeklinde olacağından yukarıdaki durum geçerli olacaktır ki bu durumda da uçak belirli bir mesafeden sonra yere çakılacaktır. Her dört durum da (uçağın sürekli irtifa kaybetmesi ve alması, belirli bir mesafeden sonra yere çakılması, jiroskopun yön değiştirmesi ve uçağın ters dönmesi) yaşanmadığı için yerin küre şeklinde olma ihtimali ortadan kaybolmaktadır.

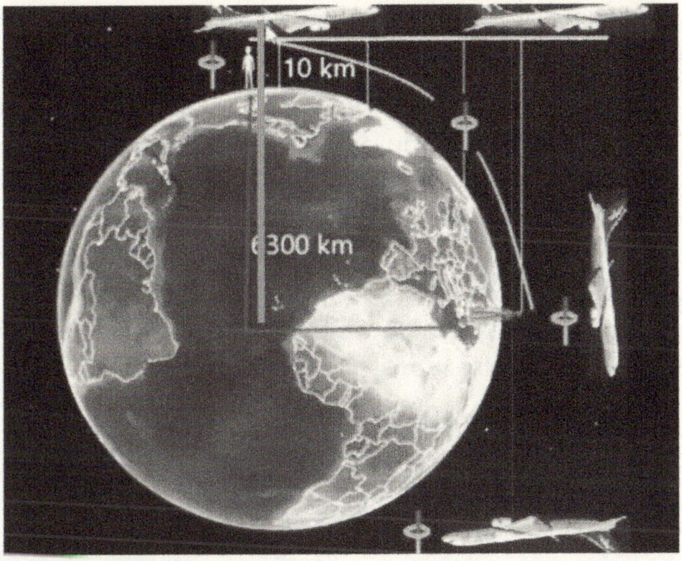

Şekil 13: Uçağın doğrusal olarak yol alması durumunda uçağın pozisyonu

Doha-Boston uçak rotası 2. kez yeryüzünün küre olmadığını, düz bir zemin olduğunu gözler önüne sermektedir. Bu rotadaki diğer bir ilginç durum ise uçağın önce kuzeybatı istikametinde gidip Kuzey Kutbu'na vardıktan sonra tekrardan güneybatı yönüne yönelmesidir. Küre modelinde bu güzergâh uçağın kat edeceği mesafeyi uzatmaktadır. Uçak yerden bağımsız hareket ettiğinden en yakın mesafe batıya eğimi artırılmış kuzeybatı istikameti olacaktı. Şekil 10'da da görüleceği üzere uçak yeşil hattı (üçgenin alt kenarını) takip etmesi gerekirken kırmızı hattı (üçgenin diğer iki kenarını) izlemiştir. Bilindiği gibi herhangi bir üçgenin 2 kenarının toplamı 3. kenardan büyüktür. Bu, bir matematik kuralıdır. Hava yolları firmaları sinekten yağ çıkardığına göre, bu kadar mesafeyi uzatarak hem seyahat süresini hem de yaktığı yakıt miktarını artırma ihtimalinden bahsetmek olanaksız olacağına göre yeryüzünün küre olmadığı, Şekil 30'da verilen modele benzediği kolayca anlaşılabilir.

Boston, Doha'nın hem batısında hem de Kuzey Kutbu'na kadar (merkez) kuzeyinde, Kuzey Kutbu'ndan sonra (çevre) güneyinde kalmaktadır. Dolayısıyla uçak zaten yolu uzatmamaktadır. Küre modelindeki kutup kavramları ve şeklin küre olması nedeniyle uzattığı algısı oluşmaktadır. Yeryüzünün modeli Şekil 30'daki gibi olması hâlinde uçak için en kısa rotanın seçildiği anlaşılmaktadır ki zaten hava yollarından beklenen tavır da bu olsa gerek.

Şekil 14: Uçağın kalkış anı

Yeryüzünün şeklinin küre olduğu söylemi yanında ilave olarak bu kürenin döndüğü de vurgulanmaktadır. Güneş'in ve Ay'ın döndüğüne yönelik Kur'an-ı Kerim'de birçok ayet olmasına karşın yeryüzünün döndüğüne yönelik tek bir ayet bile bulmak imkânsızdır. Yeryüzünün küre şeklinde ve kendi etrafında 1670 km/saat hızla (Ekvator bölgesi) döndüğü kabul edilmiştir. Bilindiği gibi küre modelinde yeryüzünün üstünde atmosfer tabakası vardır ve bu tabaka yoğun olmayan saydam bir tabakadır. Atmosfer tabakası içinde gazların bulunduğu, yükseldikçe de bu gaz yoğunluğunun azalması nedeniyle de basıncın düştüğü herkes tarafından bilinmektedir. Aslında hissedilen basınç, atmosferdeki bu gazların yoğunluğu ile ilgilidir. Toriçelli, yaptığı deneyde ortam basıncının ölçümü için üstü kapatılmış cam tüpü kullanmıştır. Cam tüpünün üstü kapatıldığından atmosfer içindeki gazların oluşturduğu basıncı hissetmeyeceği için kap içindeki sıvı, bu tüp içinde ortamdaki atmosfer basıncı kadar bir kuvvetle yükselmiştir. Bilindiği gibi atmosferde genelde azot ve oksijen gazları bulunmaktadır (%99). Buna ilave olarak değişken olarak su buharı, helyum, argon, karbondioksit gibi gazlar da bulunabilir. Atmosferdeki gazların %75'i troposfer katmanında yer alır. Gazların en yoğun bulunduğu kısımdır. Troposfer ilk 11 km'deki kısmı oluşturmaktadır ki uçaklar da bu bölgede uçmaktadır (mgm.gov.tr/genel/sss.aspx). Troposfer tamamen bir gaz karışımından oluşur. Bu katmanda sıcak hava yukarı yükselir (yoğunluğu düştüğü için), soğuk hava yere doğru çöker (yoğunluğu arttığı için); dolayısıyla atmosferde yükseldikçe gaz yoğunluğuna bağlı olarak basınç ve sıcaklık düşer (Şekil 16). Atmosfer tabakası rijit bir tabaka olmayıp bir gaz kümesidir. Dolayısıyla da rijit bir maddenin hareketini kısıtlar ancak engelleyemez. Atmosferdeki yoğunluk arttıkça bu engelleme artar. Denizde yüzen bir kişi kulaç atarken su içindeki zorlanmayla su dışındaki zorlanmanın aynı olmadığını hisseder. Su, havaya göre daha yoğun olduğundan kolun hareketini daha çok kısıtlar ancak hareketi durduramaz. Yoksa yüzücüler denizde yüzemezlerdi. Yüzme esnasında kol dışarı çıktığından yüzücü, daha kolay bir şekilde kolunu hareket ettirerek suyun içine daldırır ve kendini suda ileri doğru hareket ettirebilir. Yüzücü hem suda hem de havada kolunu hava ve suya rağmen hareket ettirebildiğine göre, sudan daha az yoğun olan havanın bir kişinin kolunun hareket etmesini engellemesi düşünülemez. Aksi takdirde bir inşaat işçisi nasıl çekiç ile çivi çakabilirdi? Bir kolun hareketini bile engelleyemeyen atmosferin, uçağı yana doğru Dünya'nın dönüş hızına eşit hızda hareket ettirebildiğinden bahsedilebilir mi? Bu imkânsız olduğuna göre ve uçaklar da sadece öne doğru hareket eden mekanizmalar olduğuna göre yeryüzünden temasını koparmış, atmosferdeki bir uçağın iniş anında pisti nasıl denk getirdiği, dönen küre modelinde açıklanması gereken bir paradoks olarak karşımıza çıkmaktadır. Yeryüzünün saatte 1600 km batıdan doğuya hareket ettiği bir modelde uçakların piste inişi açıklanabilir mi? Bilindiği gibi uçakların iniş sürecinde, atmosferdeki uçak pist ile aynı konuma geldikten sonra 2-3 dakika içinde yere temas eder. Eğer yeryüzü dönüyor ise atmosferdeki uçak yeryüzünün hareketine bağlı olmayacağından ve atmosfer tabakası da uçağı yeryüzünün dönüş hızında, dönüş yönünün tersine hareket ettirmeyeceğine göre, dönen bir cisim üzerine bu uçağın inişi nasıl açıklanabilir? Uçağın pistin tam karşısına gelip alçalarak inmesi esnasında geçen en az 3 dakika içinde pist normalde yeryüzünün dönüş hızına bağlı olarak;

Yeryüzü saatte 1600 km, dakikada 26,6 km yol alır.

Uçağın pistin tam karşısına geçip 3 dakika indiği düşünülürse;

26,6*3=80 km pist konum değiştirir.

Yani Yenişehir havalimanına inecek uçak Balıkesir havalimanına inebilir, eğer pilot ağırdan alır, iniş süresi uzar ise maazallah Yunanistan'a inebilir. İniş süresine bağlı olmaksızın uçaklar, hedef pistlere inebildiklerine göre yeryüzünün döndüğünden bahsetmek abesle iştigal olsa gerek. Dönen bir platform üzerine inmek o kadar kolay değildir. Sirklerdeki balerinaya dönerken hiç binmeyi denediniz mi? Maazallah kafayı gözü kırarsınız. Siz daha balerinaya hareket hâlinde binemez iken uçakların dönen bir yüzeye indiğinden nasıl bahsedebilirsiniz. Balerinaya binme durumundaki atmosfer yoğunluğu, uçağın inme konumundakinden daha fazladır. Daha yoğun olan atmosfer bile kişinin hızını balerinanın dönüşüne eşitleyemez iken daha az yoğun olan atmosferin uçağın yana hareketini yeryüzünün hareketine eşitlediğinden nasıl bahsedilebilir?

Atmosfer hareketi daha yavaş ve içindeki cisimlerin hareketini kısıtlayacak yoğunlukta olmaktan uzak olduğuna göre, dönen küre modelinde uçakların dönen bir cisim üzerine inme hareketi gerçekleştirdiği kabul edilir ki uçakların inişlerinde yaşanan fiziksel olayların bunun böyle olmadığını ispatlamaktadır. Bu durumda uçaklar hedeflenen pistlere indiğine göre yeryüzünün döndüğü savı gerçek dışı olmaktadır.

Şekil 15: Uçağın piste iniş anı

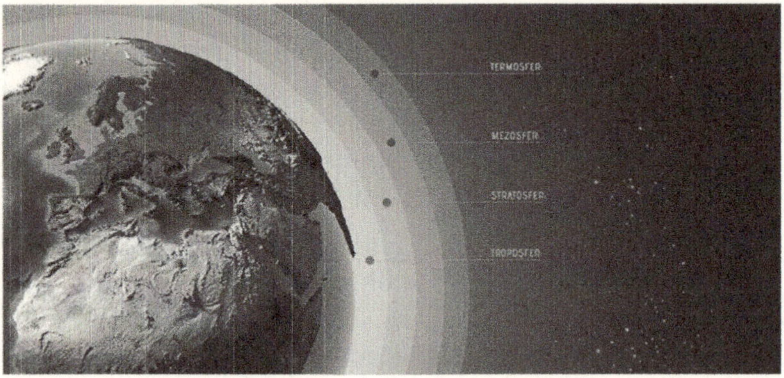

Şekil 16: Atmosfer ve yeryüzü bileşik görüntüsü
(https://www.islamveihsan.com/atmosfer-nedir-katmanlari-nelerdir.html)

Şekil 16'da yeryüzü ve atmosfer yapısı görülmektedir. Bu şekildeki bir yapı nasıl kararlı hâlde durmaktadır. Anlamlandırılması güç bir kombinasyon. Atmosfer belirli miktarda gaz içermekte olup atmosfer basıncı bu gaz miktarı ile ilgili olduğuna göre (torricelli deneyi) ve uzayında boşluk yani sıfır basınçlı bir ortam olduğu hâlde uzay, atmosferi niye vakumlayarak yutmuyor. Bir vakum pompasının çalışma sistemi sizce nasıl? Atmosfer basıncı pozitif, uzay basıncı sıfır olduğu hâlde bu sistem nasıl dengede kalır. Siz hiç vakuma alınmış bir odacığın kapağını açmaya çalıştınız mı? Çalışmayın, açamazsınız çünkü içerideki vakum kapağı içeri doğru çekecektir. Mesela elektron mikroskop incelmesi vakum altında yapılır; 10^{-6} mbar basınç altında, uzaydaki basınçtan daha yüksek. Buna rağmen vakumu boşaltmadan numune odacığını açamazsınız insan gücüyle. İçeride düşük basınç (vakum), dışarıda yüksek basınç (atmosfer basıncı-1 atm) olmasından dolayı kapak içeri doğru itilir. Bu durum küre Dünya çevresindeki yüksek basınca sahip atmosferinin sıfır basınca sahip uzayın bitişiğinde durmasına neden mani olmuyor. Yüksek basınçtan düşük basınca akış olması gerekmez mi? Bu olursa Dünya üzerindeki atmosfer yok olmaz mı? Atmosfer bulunduğuna göre (nefes alabiliyoruz) olmayan uzay mı acaba? Uçaklar troposfer katmanda uçtukları için uçuş ortamı, azot ve oksijen gazları ile kısmen su buharından oluşmaktadır. Atmosfer ne kadar hareket ederse etsin uçakların hareketini değiştirme özelliğinde değildir. Küre modelinde yeryüzünün batıdan doğuya doğru döndüğü varsayımı yapılmaktadır. Bu durumda atmosferin de batıdan doğuya dönüyor olması gerekir. Fiziksel ve matematiksel kurallar gereği imkânsız olsa bile eğer uçakların atmosfer hareketi ile sürüklendiği, dolayısıyla uçakların da atmosfer içinde yeryüzünün hızında batıdan doğuya doğru hareket ettiği, bu nedenle göreceli olarak yeryüzünün uçağa göre hareket etmediği düşünülür ise o takdirde uçakların doğudan batıya uçabilmesi, aynı varsayımdan dolayı imkânsız hâle gelir. Atmosferin batıdan doğuya hareketinin uçağı aynı yönde sürüklüyor olabilmesi, uçağın akışa ters yönde gitmesine engel olurken aynı yönde gitmesi durumunda da atmosfer hızı kadar uçağın hızını artırması gerekir. Ancak böyle bir durum mevcut değildir. Uçak rotaları incelendiğinde uçakların doğudan batıya uçabildikleri görülmektedir. Hatta Türk Hava Yollarının İstanbul-Bakü-İstanbul seferinin sürelerine bakıldığında durumun bunun tersi olduğu görülmektedir. Bakü'ye gidiş süresi 2 saat 40 dk. iken Bakü'den İstanbul'a geliş süresi 3 saat 10 dk.'dır. Bakü İstanbul'un doğusunda kaldığından ve atmosfer hareketi batı-doğu yönünde olduğundan uçak Bakü'den İstanbul'a gelirken 30 dk. gecikmeye sebep olacak bir sürtünme kuvvetine maruz kalmaktadır. Atmosfer, uçağın hareketini tamamen kısıtlamamaktadır. Bu olay da atmosferin, uçakları yeryüzünün dönüş yönünde sürükleyemediğini göstermektedir ki bu durum da uçakların dönen bir cisim üzerine iniyor olmaması sonucunu doğurur. Gerçek hayatta dönen bir cisim üzerine inme olayı gözlemlenmediğine göre yeryüzünün dönüyor olması savının gerçek dışı olduğu anlaşılmaktadır.

Genelde küre modelinde Güneş ışınlarının yeryüzüne dik geldiği varsayılır. Atmosferin etkise görmezden gelinir. Özellikle yeryüzünün küre olduğunun ispatı yönünde kullanılan ve Eratosthenes tarafından gerçekleştirilen deneyde Güneş ışınlarının dik bir şekilde geldiği ve atmosfer tabaklarından etkilenmediği ön yargısı oluşmuştur (Koçer, E. (2019), Uygulamalı astronomi etkinlikleri - III, *Anadolu Öğretmen Dergisi*, 3(1), 105-110). Ancak fizik bilimine göre ışık farklı yoğunluklu tabakalardan geçerken kırılır. Işınlar az yoğun (hava gibi) ortamdan çok yoğun (su veya hava gibi) ortama geçtiklerinde dalga boyunun bir fonksiyonu olarak yüzeyin normaline yaklaşarak kırılır (Şekil 18).[4] Bilindiği gibi atmosfer tabakalarında yukarı çıkıldıkça yoğunluk düşer (Şekil 17).[5] Bu nedenle Güneş ışığı yeryüzüne kırılarak ulaşır (Şekil 18). Hâlbuki Eratosthenes yaptığı gölge deneyinde bu kırılmayı (atmosferin ışığa etkisini) hesaba katmadan yeryüzünün çapını ölçmüştür. Dolayısıyla yeryüzünün küre olması yönündeki en önemli kanıtın güvenirliliği ve doğruluğu kabul edilebilir değildir. Çünkü hesaplamada atmosferin etkisi ihmal edilmiştir ki bu, bir ışık deneyinde ihmal edilmeyecek büyüklükte etkisi olan bir faktördür.

---

[4] https://fizikolog.net/konular/optik-1.isik-ve-golge/isigin_kirilmasi.html

[5] https://slideplayer.com/slide/8909964/,https://konuanlatimi.net/atmosfer-ve-hava-olaylari/

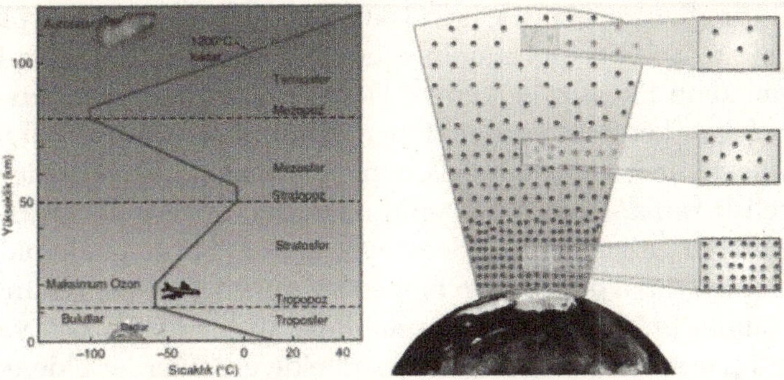

Şekil 17: Atmosfer tabakasında yükseklik değiştikçe yoğunluk ve sıcaklık değişimi https://konuanlatimi.net/atmosfer-ve-hava-olaylari/

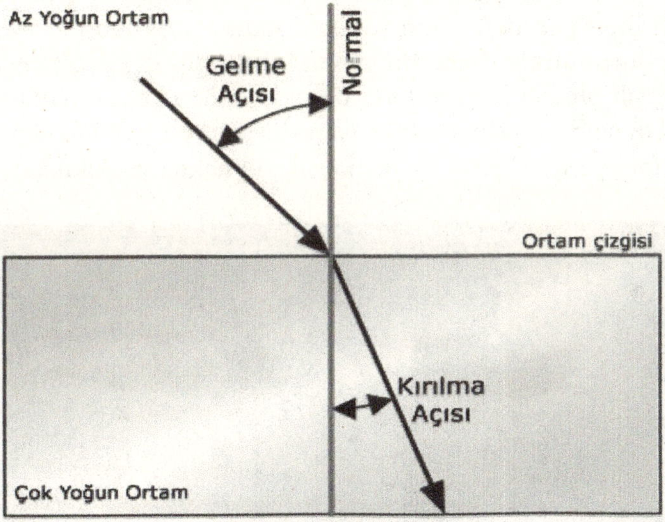

Şekil 18: Işığın kırılması

Eratosthenes'in yaptığı deneyde Aswan ve İskenderiye kentlerindeki gölge durumu verileri kullanılmıştır. Aswan'da dikili direğin gölgesi yok iken İskenderiye'de dikili direğin belirli bir uzunlukta gölgesinin oluştuğu verisi bulunmaktadır. Aswan kenti Ekvator ile Yengeç Dönencesi arasında yer alırken İskenderiye kentinin yengeç dönencesinin kuzeyinde yer aldığı bilinmektedir. Yengeç ve oğlak dönencesi arasındaki yerlerde yılın belirli zamanlarında gölgenin olmadığı, dönenceler dışında ise yılın her zaman diliminde uzayıp kısalan bir gölgenin olduğu yine coğrafya bilgisinden bilinen bir durumdur. Yeryüzünün düz Güneş'in bir odaklama özelliğinde abajur olarak ışık yayması durumunda da Eratosthenes'in elde etiği veriler elde edilebilmektedir. Çünkü ışık, kaynağından ışık saçılarak yeryüzüne düşer. Bu saçılma ise belirli açılarda olmaktadır. Dolayısıyla Yengeç Dönencesi'ndeki bir yerde Güneş (ışık) tam tepede olduğundan gölge oluşmaz iken dönencenin dışındaki yerde Güneş'ten ışık belirli açıda geldiğinden gölge oluşmaktadır. Dolayısıyla Eratosthenes'in deneyinin sonucu, sadece yeryüzünün küre olması durumunda değil düz olması ve Güneş'in küçük ve yukarıda asılı olması durumunda da elde edilmektedir. Yukarıdaki ışık kaynağı altındaki yerler ışığı dik alırken ışık kaynağından uzaktaki yerlere belirli bir açıda ışık gelmektedir (Şekil 19).

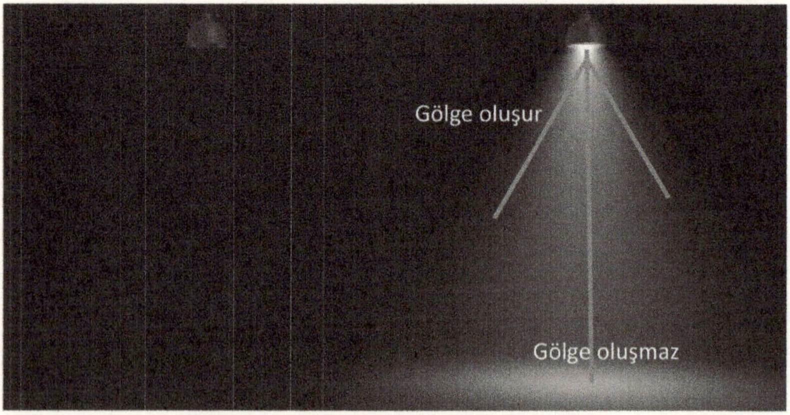

Şekil 19: Kaynaktan çıkan ışığın saçılması

Güneş tutulması olayının sadece Ay'ın araya girmesi ile oluştuğu bilinen bir durumdur. Küre modelinde Güneş tutulmasının belirli zamanlarda Dünya ile Ay'ın hız farkından dolayı Ay'ın Dünya ile Güneş arasına girmesi nedeniyle oluştuğu vurgulanmaktadır. Küre modelindeki Güneş sistemine bakıldığında Güneş ile Dünya arasında iki gezegen daha bulunmaktadır. Eğer küre sisteminin söylediği gibi hepsi Güneş etrafında bir yörüngede[6] hareket ediyor ise ve hızları da birbirinden farklı olduğuna göre[7], bu iki gezegeninde araya girmesiyle de Güneş tutulmasının olması gerekmez miydi?

Diğer bir olay, Güneş tutulmasının batıdan başlayıp doğuya doğru ilerlemesi durumudur. Tutulma olayı sadece doğu-batı yönünde konum değişmesi şeklinde olmayıp, kuzeyden güneye kayacak şekilde de konum değişmiştir. Batıdaki tutulma kuzey bölgelerde gerçekleşirken doğudaki tutulma, güney bölgelere kaymıştır. Bu değişiklik batı-doğu değişikliği ile eş zamanlı gerçekleştiğinden doğu-batı ekseninden yaklaşık 17^0 kuzey-güney eksen yönüne kayacak şekilde açılı bir güzergâh oluşmuştur (Şekil 20). Küre modeline göre hem Ay hem de Dünya batı-doğu yönünde hareket ettiğine göre bu nasıl mümkün olmaktadır. Küre modeline göre Güneş tutulmasının önce doğuda, sonra batıda görülmesi gerekmez miydi? 1999 yılında görülen Güneş tutulması zamanlarına bakıldığında (Şekil 20'de gösterilmiştir); önce İngiltere'de (10.10), sonra Fransa'da (10.20), Almanya'da (10.40), Romanya'da (11.10) ve Türkiye'de (11.40) görülmüştür. Bu durum, Güneş tutulmasının batıda başlayıp doğuya doğru kaydığını göstermektedir. Ancak küre modelinde bu imkânsız bir durumdur çünkü Ay Dünya etrafında, Dünya da kendi etrafında farklı hızlarda batıdan doğuya doğru dönmektedir (Şekil 21). Dünya saatte 360/24 = 15

6 https://solarsystem.nasa.gov/planets/earth/overview/

7 https://public.nrao.edu/ask/which-planet-orbits-our-sun-the-fastest/

derece yol alırken Ay 360/708 = 0,5 derece yol alır. Güneş tutulması Ay'ın Güneş ile Dünya arasına girmesiyle oluşması hâlinde Dünya'nın daha hızlı dönmesinden dolayı tutulmanın doğuda başlayıp batıya doğru olması gerekirdi. Ancak tutulma batıdan doğuya doğru olmaktadır (Şekil 20).

Yeryüzünün disk şeklinde ve sabit olması, Güneş ve Ay'ın her birinin kendine ait bir yörüngede hareket etmesi ise gerçek durum ile uyuşabilmektedir. Güneş, Ay'dan daha hızlı hareket ettiği ve yeryüzü başlangıç noktasına göre daha yüksekte bulunduğundan Güneş tutulmasının batıdan doğuya kayması, durumu daha doğru açıklanmaktadır (Şekil 22).[8] Modern bilim paradigmasının Güneş tutulması ile ilgili açıklanması da Ay'ın vasfına göre tutarsızlık içermektedir. Allah (c.c.) Ay'ın nur (ışık) olduğunu söylüyor; bu durumda Ay katı bir nesne olmayıp bir ışık kümesi (plazma gibi) olacağından Güneş'in ışığını kesme yerine ışık miktarında artışa neden olacak ve Güneş tutulması yaşanmacaktır. Güneş'in önüne ışığı geçirmeyen opak bir maddenin yerleştiği görüldüğüne göre, Güneş tutulmasına Ay'ın neden olması imkânsız olmaktadır. Zaten Güneş tutulmasının güney-kuzey doğrultusunda belirli bir alanda görülmesi (Şekil 20), Güneş'in çok uzaklarda küre şeklinde yanan ve ışık veren bir cisim olmadığının götergesidir. Eğer böyle olsaydı güney-kuzey doğrultusunda yeryüzünün tüm bölgelerinde görülmesi gerekirdi.

---

[8] https://www.youtube.com/watch?v=VCPoyWWEoPs&t=800s (15. dk.'dan sonra)

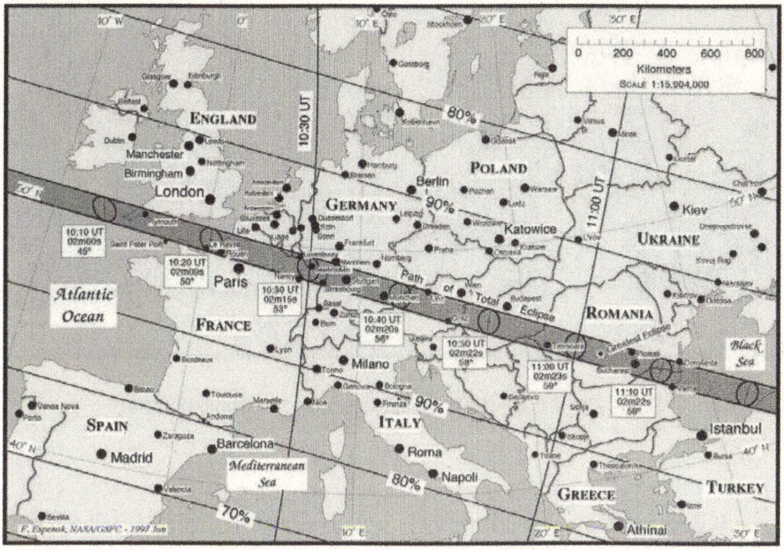

Şekil 20: 1999 yılında görülen Güneş tutulma hattı ve görülme zamanları (https://eclipse.gsfc.nasa.gov/SEmono/TSE1999/TSE1999Map/TSE1999Europe.jpg)

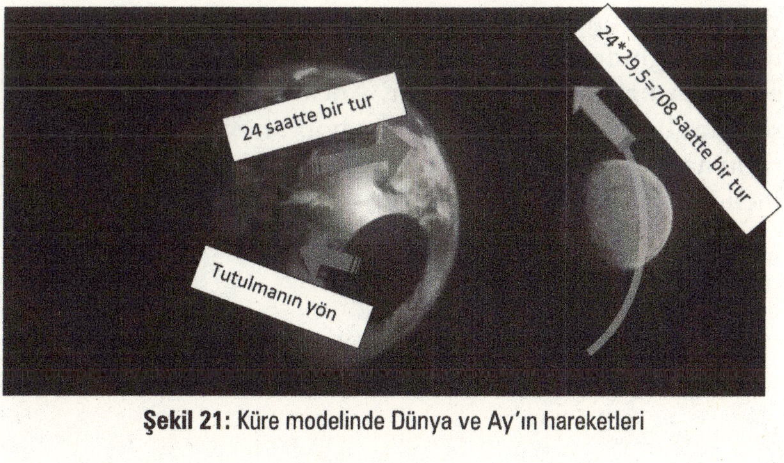

Şekil 21: Küre modelinde Dünya ve Ay'ın hareketleri

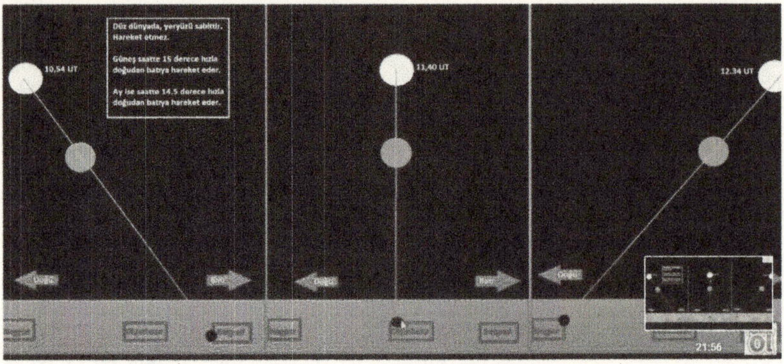

Şekil 22: Düz Dünya modelinde Güneş tutulması durumu

Küre modelinin diğer bir açmazı ise modelin fizik kurallarına uymamasıdır. Hız, hareket ve ivme kanunlarının modelde uygulanabilirliğinin düşük olmasıdır. Küre modeldeki evren tasavvuru Şekil 23'te verilmiştir. Şekle bakıldığında; Ay'ın Dünya çevresinde dönmesinde ve Dünya'nın Güneş çevresinde dönmesinde her bir durum kendi içinde ayrı ayrı incelendiğinde fiziğin hareket kanununa bir aykırılık teşkil eden durum görülmemektedir. Ancak bilinmelidir ki bu hareketler bağımsız hareketler olmayıp bir sistemin bileşenlerinin hareketi olduğundan ayrı ayrı değil bütünleşik irdelenmelidir.

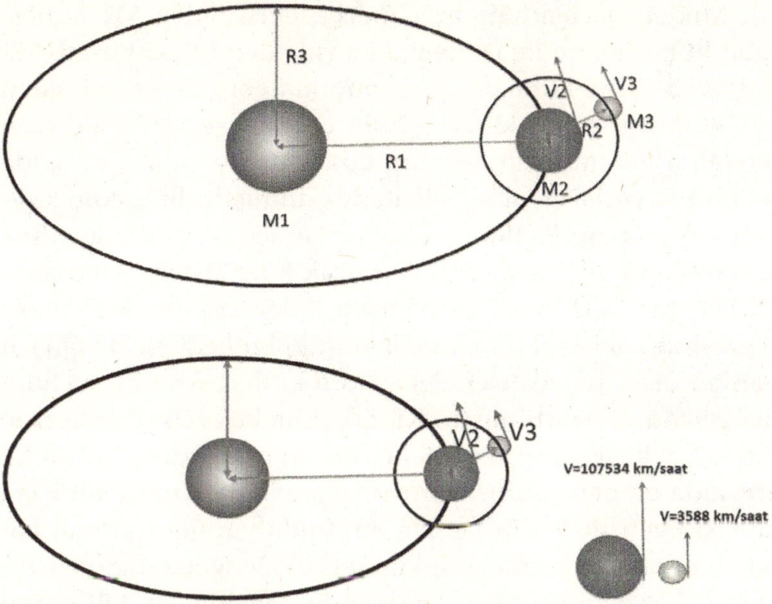

Şekil 23: Küre modelinde evren tasavvuru

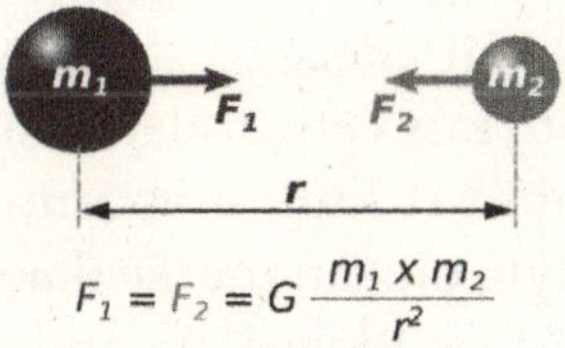

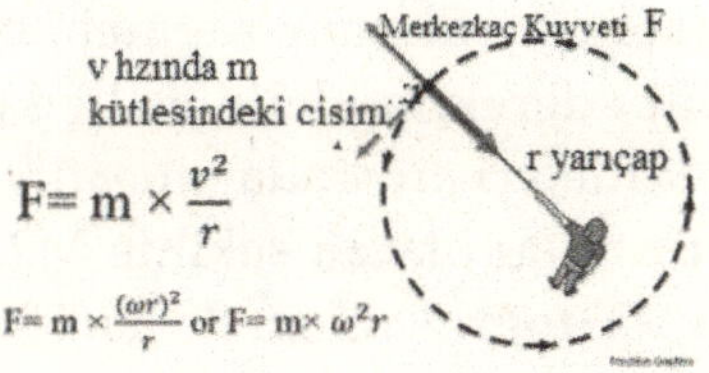

Denklem 1 Denklem 2 [https://microbenotes.com/centrifugal-force/]

(https://tr.wikipedia.org/wiki/Newton%27un_evrensel_k%C3%BCtle%C3%A7ekim_yasas%C4%B1)

Model incelendiğinde; Güneş'i temsil eden M1 kütlesi sabit kütle çekimi ile Dünya'yı temsil eden M2 kütlesini, M2 kütlesi de yine kütle çekim kanununa göre ayı temsil eden M3 kütlesini çekmektedir. Kütle çekim yasası, küre evren modelini benimseyen Newton tarafından yapılmış ve kütle çekim kuvveti Denklem 1 ile ifade edilmiştir. Bu çekim kuvveti yalnız başına etkimiş olsaydı Güneş Dünya'yı kendine çekerek iki kütle çarpışacaktı. Ancak küre sistem kurgusunda Dünya'nın Güneş'e çarpmasını önleyecek şekilde Güneş çevresinde dairesel bir hareket yaptığı bu nedenle de oluşan merkezkaç kuvveti (Denklem 2) ile kütle çekim kuvvetinin dengelendiği belirtilmiştir. Kütle çekim kuvveti - merkezkaç kuvvet = 0 durumu oluşmaktadır. Aynı durum Dünya-Ay arasında da mevcuttur. Dünya-Ay arasında oluşan kütle çekim kuvveti de Ay'ın Dünya etrafında yaptığı dairesel hareketten oluşan merkezkaç kuvveti ile dengelendiği belirtilmiştir. Söz konusu küre modelinde genelde M1 kütlesinin M3 kütlesine uyguladığı çekme kuvveti sıfır kabul edilmiştir. Ancak bu durum bile başlı başına küre modelinin açmazını oluşturmasına rağmen bu kabulün geçerli olduğunu kabul ederek modelin asıl çıkmazını tespit edeceğiz. M1 ve M2 kütleleri arasında oluşan kütle çekim kuvveti, aralarında R1 uzaklığı olacak şekilde M2 kütlesinin M1 kütlesi etrafından V2 doğrusal hızı ile hareket etmesiyle oluşan merkezkaç kuvveti ile dengelenmektedir. M2 ve M3 kütleleri arasında oluşan kütle çekim kuvveti ise aralarında R2 uzaklığı olacak şekilde M3 kütlesinin M2 kütlesi etrafından V3 doğrusal hızı ile hareket etmesiyle oluşan merkezkaç kuvveti ile dengelenmektedir. Küre modelde mevsimlerin oluşması için Dünya'nın Güneş etrafında elips şeklinde bir yörüngede hareket ettiği teorisi mevcuttur (Şekil 24).

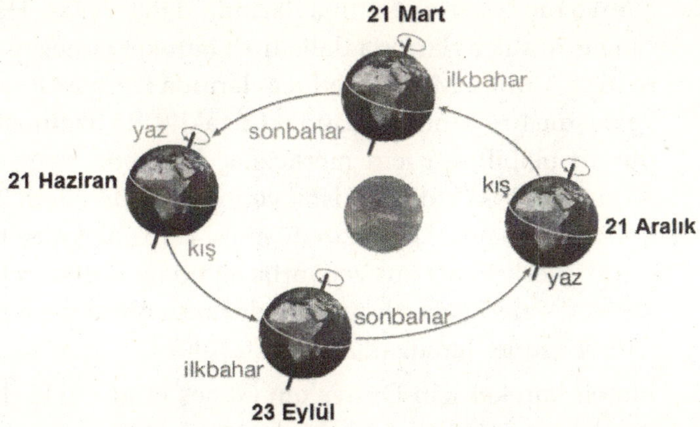

Şekil 24: Dünya'nın Güneş etrafındaki dairesel hareketi (https://www.fenbilim.net/2017/05/8-sinif-mevsimlerin-olusumu.html)

Elips şeklindeki bir yörüngede M2 kütlesinin M1 kütlesi etrafında hareket edebilmesi için kütle çekim kuvveti ile merkezkaç kuvvetin dengede kalabilmesi için kütleler değişemeyeceğinden M2 kütlesinin hızının azalıp artması gerekmektedir. Bu ise Dünya'nın Güneş etrafında ivmeli hareket etmesini gerektirir. Çünkü hız değişimi ivmeli hareket ile yapılabilmektedir. Bu ivmeli hareket ise;

1. Dünya'nın Mart ve Eylül aylarında daha yavaş, Haziran ve Aralık aylarında daha hızlı hareket etmesini gerektirir. Çünkü Haziran ve Aralık aylarında Dünya Güneş'ten uzaklaşmıştır (yani aralarındaki uzaklık R1 artmıştır); bunun olabilmesi için merkezkaç kuvvetin değişmemesi gerekir ki kütle değişmeyeceğinden denklem 2'ye göre R1 mesafesi için hızın artması icap eder, aksi takdirde merkezkaç kuvveti azalacağından (kütle çekim kuvveti - merkezkaç kuvvet>0 durumu oluşacağından) Dünya Güneş'e çarpar.

2. Dünya'nın Mart ve Eylül aylarında daha yavaş, Haziran ve Aralık aylarında daha hızlı hareket etmesini gerektirir. Çünkü Mart ve Eylül aylarında Dünya Güneş'e yaklaşmıştır (yani aralarındaki uzaklık R3 azalmıştır). Bunun olabilmesi için merkezkaç kuvvetin değişmemesi gerekir ki kütle değişmeyeceğinden denklem 2'ye göre R3 mesafesi için hızın düşmesi icap eder, aksi takdirde merkezkaç kuvveti artacağından (kütle çekim kuvveti - merkezkaç kuvvet<0 durumu oluşacağından) Dünya Güneş'ten uzaklaşır.

3. İvmeli hareket için Dünya'nın Güneş etrafındaki doğrusal hızını değiştirecek bir kuvvetin oluşması gerekeceğinden; yavaşlaması için fren, hızlanması için bir tahrik gücüne ihtiyacı olacaktır. Ancak yine küre modele göre Dünya'nın boşlukta olduğu ve hiçbir tahrik ve fren kuvvetine maruz kalmadığı bilinmektedir. Bu durumda bu ivmeli hareket nasıl oluşmaktadır? Dünya'nın Güneş etrafında dönmesini sağlayan doğrusal hız değişmeyeceğine göre elips yörüngenin oluşma durumu imkânsızdır.

4. M2 kütlesi M1 kütlesi etrafında dairesel hareket ederken M3 kütlesinin de M2 kütlesi etrafında dairesel hareket ettiği küre modelde bildirilmiştir. Bu durumda M2 kütlesi V2 doğrusal hızı ile M3 kütlesi de V3 doğrusal hızıyla hareket etmektedir. M3 kütlesi yani Ay Dünya çevresindeki bir devrini 30 günde tamamladığından ve Dünya'ya uzaklığı 384000 km olduğundan; Ay'ın doğrusal hızı V3=3588 km/saattir. Dünya Güneş etrafındaki bir devrini 365 günde tamamladığından ve Güneş'e uzaklığı 150 milyon km olduğundan Dünya'nın doğrusal hızı V3=107534 km/saattir. Dünya Ay'dan 30 kat daha fazla hızla yol alırken Ay Dünya etrafını nasıl do-

laşabilmektedir. Bu durum, yavaş giden traktörün 30 kat daha hızlı giden aracı sollaması ile aynı durumdur. Bu nasıl gerçek dışı ise bu hız farkından dolayı Ay'ın Dünya etrafında dönmesi de o kadar gerçek dışı olmaktadır. Küre model kurgusunda bunun olabilmesi için Ay'ın Dünya etrafındaki hareketi de ivmeli olmalı ve Ay Dünya ile Güneş arasında iken yavaş, Dünya Ay ile Güneş arasında iken ise Ay'ın Dünya'dan hızlı hareket etmesi gerekir ki bu durum, Ay'ın Dünya etrafındaki yörünge şeklini değiştirir.

5. M2 kütlesinin hareketsiz olması durumunda M3 kütlesi ile M2 kütlesi arasında bu tip hareket olabilir. M3 kütlesi M2 kütlesi etrafında belirli bir hızda dönmesi hâlinde kütle çekim kuvveti ile merkezkaç kuvveti dengesinden dolayı bu tip hareketin olabilirliği mevcuttur. Ancak M2 kütlesinin bir yörüngede doğrusal hareket etmesi durumunda bunun olma ihtimali yoktur. Dünya ile Ay arasında kütle çekimi ve merkezkaç kuvveti haricinde bir bağlantı yoktur. Bu durumda M2 kütlesi ileri doğru hareket ettiğinde M3 kütlesini bu yönde hareket ettirecek kuvvet bulunmamaktadır. Bu durumda ise Ay Dünya yörüngesinden çıkar ve her ay gördüğümüz Ay'ın çevrimi oluşmaz.

Güneş'in her gün başka konumdan doğup batması olayı da küre model için sorun teşkil etmektedir. Gün dönümleri arasındaki süre zarfında Güneş, güney ve kuzey yönünde yer değiştirmektedir. Ay için de aynı durum oluşmaktadır. Ay'da bir periyodu süresince güney-kuzey istikametinde yer değiştirerek doğmaktadır. Türkiye için 21 Hazirandan sonra Güneş sürekli güneye kaymakta, 21 Aralıktan sonra da kuzeye kayarak çıkmakta ve batmaktadır. Şekil 25'te Güneş'in doğuş yerleri görülmektedir.

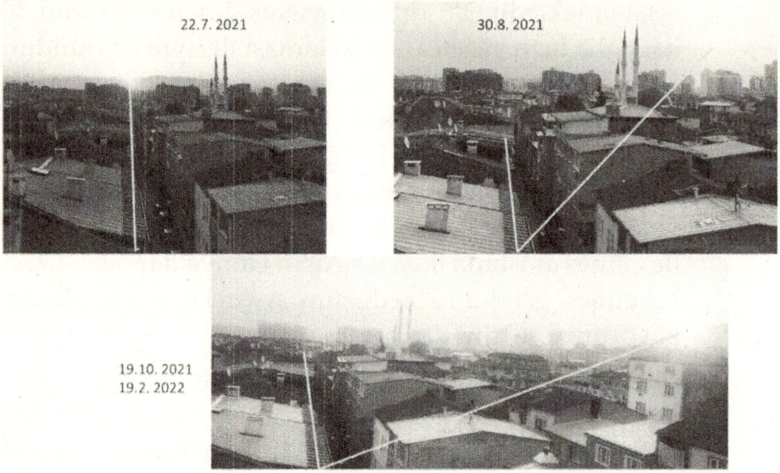

Şekil 25: Farklı tarihlerde Güneş'in çıkış konumları (Konak mah., Nilüfer, Bursa-Türkiye)

Güneş 22.7.2021 tarihinde tam doğudan doğmasına karşın 19.10.2021 ve 19.2.2022 tarihlerinde yaklaşık 60 derece güneye kayarak doğmuştur. Her ne kadar bu durum küre modelde Dünya'nın 23 derecelik eğikliğine bağlansa da optik kurallar ile örtüşmemektedir. Güneş'in çok büyük olması ve Dünya'nın eğiminin güney-kuzey istikametinde olmasından dolayı Güneş doğuş ve batış yerlerinin değişmemesi gerekir (Şekil 26'dan da görüleceği üzere). Bir ışık kaynağına küre bir cismi tutuğunuzda kürenin yarısı karanlık yarısı aydınlık olur. Kürenin ışık kaynağına bakan yüzeyi aydınlık olurken arka kısmı karanlık olur, ışık almaz. Küre 3 boyutlu bir cisimdir. Opak küre bir cisim ışık kaynağı önüne konduğunda küre çapı ışık alma ve ışığı kesme uzunluğunu belirler. Işık kaynağına göre küre kesitlerindeki küre çapının maksimum olduğu iki nokta arasında (Şekil 27 ortadaki kesit) ışık kaynağına bakan yüzey ışık alırken diğer yüzey ışık alamaz. Küre modelde Güneş'in doğması ve batması Dünya'nın kendi etrafında dönüşü ile ilgili bir durum olduğundan optik kuralları gereği Güneş'in her zaman aynı konumda doğması (dünyanın çapı değişmediğinden) gerekir. Ancak Güneş her zaman farklı yerlerden doğup batmaktadır.

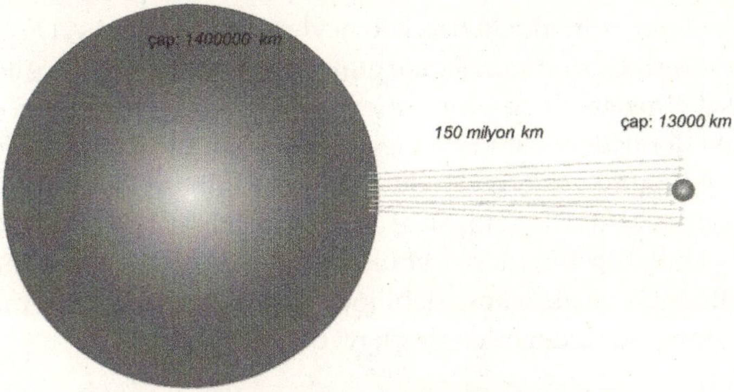

Şekil 26: Güneş ve yeryüzü büyüklük ve konumları

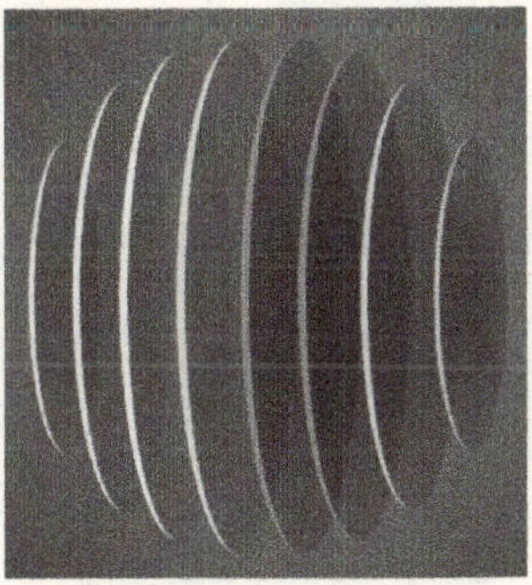

Şekil 27: Küre kesitleri

Ay'ın Dolunay olma sürecindeki dört günlük çıkış konumları Şekil 28'de verilmiştir. Eylül 8'deki çıkış yeri güney iken Eylül 10'daki çıkış yeri kuzeye kaymıştır. Eylül 12'deki çıkış yeri ise daha da kuzeye kaymıştır. Eylül 12'deki çıkış yerindeki binalar Eylül 8'deki çıkış yeri olan Uludağ'ın yaklaşık 60 derece kuzeyinde kalmaktadır (Şekil 25'te bu bina ve Uludağ'ın kuzey yamaçları görülmektedir). Küre modele göre Ay Dünya etrafında daire şeklindeki bir yörüngede doğu-batı yönünde dönüyor ve güney-kuzey yönünde hareketi yok ise Ay'ın çıkış ve batış konumlarında güney-kuzey yönündeki hareketi neyle açıklanabilir. Ay, Dolunay olma sürecinde dört gün içinde güneyden kuzeye 60 derece açıyla hareket etmiştir. Ay'ın çıkış konumlarındaki değişim Dünya etrafındaki dönüşü esnasında güney-kuzey yönünde ayrı bir hareketinin olduğunu göstermektedir ki bu olay küre modelde olası bir durum olarak verilmemiştir. Acaba biraz gökyüzüne mi baksak, Don't Look Up filmindeki yönlendirilmiş insanlar gibi olmayıp gökyüzünü olanaklarımız dâhilinde gözlemlesek de küre model ile uygunluğunu değerlendirsek iyi olmaz mı!

Şekil 28: Ay'ın doğuş konumları (Konak mah., Nilüfer, Bursa-Türkiye)

Küre modelde hem Dünya hem de Ay'ın dairesel veya elips şeklindeki bir yörüngede doğu-batı yönünde dönmesi kurgulanmış iken hem Güneş'in hem de Ay'ın doğma ve batma konumlarının güney-kuzey yönünde değişmesi neyle açıklanmaktadır? Konum değişikliği bir hareketi gerektirir ve bu durumda ise Güneş etrafında döndüğü iddia edilen yeryüzünün ve Dünya etrafında döndüğü kabul edilen Ay'ın güney-kuzey yönünde doğrusal git-gel hareketini yapması gerekir. Küre modelde bu hareketin nasıl olacağına yönelik bir bilgiye ben erişemedim. Bu durumu açıklayan bilimsel bir veri (teori, kanıt veya hipotez) var mıdır?

Dünya'nın kendi etrafında dönmesiyle günlerin oluştuğu teorisi de yine küre modele ait bir teoridir. Bu durumda Dünya'nın kuzey veya güney kutuplarına yakın yerlerde Dünya'nın doğrusal hız daha yavaş, ekvator çevresinde daha hızlı olması gerekir. Küre bir cisimde Şekil 29'da görüldüğü üzere kürenin kutuplarına doğru gidildikçe kesit çapı daralır, kürenin orta noktasına gidildikçe de kesit çapları artar. Dünya sabit bir açısal hızda kendi etrafında dönmesinden dolayı kesit çaplarındaki artış ve azalma, Dünya'nın o noktalardaki doğrusal hızını artırır ve azaltır (doğrusal hız = açısal hız*kesit yarıçapı denklemine göre). Bu durumun olması hâlinde Türkiye'de yaşayan birinin Ekvator'a gittiğinde hız farkını hissetmesi gerekir çünkü onun için farklı bir ortam oluşmuştur. Nasıl ki sıcaklık ve nem farkını hissediyor ise aynı şekilde dönmeden kaynaklı hız farkını da hissetmesi gerekecektir. Ancak gerçek durumda böyle bir hız farkını hisseden insan çıkmamıştır. İnsan bedeni hareket hızını algılayabilecek bir donanıma sahiptir. Buna araç içinde giderken aracın yavaşlayıp hızlandığını hız ibresine bakmadan anlaşılması bir delildir. Benim anamın okuma yazması yoktur, buna rağmen otomobille giderken hızlandığımda hisseder ve "Oğlum yavaşla" der. Otomobildeki bu düşük hız farkını hisseden insan bedeni neden büyük bir hız farkını hissetmesin. Bu durum, Dünya'nın kendi etrafında dönmediğini açıklamaz mı?

Ekvator çevresinin yarısı= 2pir/2=2*3.14*6300= 20000 km
Kanada çevresinin yarısı =2pir/2= 2*3.14*315= 10000 km

Şekil 29: Kürenin farklı noktalarındaki çevre değişimi

Yeryüzü ve Gökler Modeli

Kur'an'ın öğretileri doğrultusunda yeryüzünün küre olması ve boşlukta Güneş etrafında dönüyor olması, mümkün olmayan bir durumdur. Yeryüzünün aynen bir gemi gibi yuvarlak ve üzerinde de kubbe gibi 1. kat göğün olduğu, bu göğün üstünde de diğer 6 kat göğün yer aldığı ve tüm bu sistemin su içinde bulunduğu teorisinin daha tutarlı bir açıklama olduğu görüşündeyim. Şekil 30'da bu modele ait resim verilmiştir.

Şekil 30'daki kırmızı bölge (orta kısmı) şu an yeryüzünün yaşanan kısımları (kara ve denizlerin olduğu yerler), diğer yüzey kısımları ise Atlantik olarak adlandırılan buzullardan sonraki kısımlar olup henüz keşfedilmemiştir ve keşfi de imkânsızdır. 1. kat gök üstünde kesit alanı aynı olan 6 adet daha gök vardır. Yeryüzünün alt kısmı ise yüksek sıcaklıkta ve basınç altında demirden oluşmaktadır.

İnşikak suresi 3. ayette belirtilen kıyamet günü yeryüzünün uzatılması durumu bu model ile daha kolay anlaşılmaktadır. Daire şeklindeki yeryüzünün üstünde gök kubbenin bulunduğu bu modelde dairenin merkezi Kuzey Kutbu'nu oluştururken çevresi Güney Kutbu'nu oluşturmaktadır. Disk şeklindeki ferro-manyetik maddelerde de benzer durum görülmektedir.

Disk formundaki bir mıknatısın, merkezi bir kutbu oluştururken, çevresi diğer kutbu oluşturabilmektedir. Kuzey Kutbu yeryüzünün merkezinde bulunmakta olup Güney Kutbu yeryüzünün çevresinde yer almaktadır. Bilindiği gibi Güney Kutbu'nun buzullarla çevrilmiş bölgesinin sonuna ulaşılamamıştır. Yeryüzünün Güney Kutbu'ndaki buz dağlarının gerisinde şu andaki yeryüzünün çok daha fazlası bulunduğunu düşünmekteyim. İşte kıyamet günü yer ağırlığını boşalttığında Güney Kutbu'ndaki buzulların erimesi sonucu yeryüzünün bu bölgesi de açılacağından kıyamet günü yeryüzü genişletilmiş olacaktır.

Yeryüzünün tümünün günümüzde kullanılmadığını bildiren diğer iki ayet ise Enbiya suresinin 44. ve Rad suresinin 41. ayetleridir. Söz konusu ayetlerde yeryüzünün çevresinden eksiltildiğinden bahsedilmektedir.

Enbiya suresi 44. ayet:

Doğrusu Biz onları ve atalarını yaşattık, hatta o ömür onlara uzun geldi. Fakat şimdi görmüyorlar mı ki, yeryüzünü etrafından eksiltip duruyoruz? O hâlde üstün gelen onlar mıdır? (Elmalılı Hamdi Yazır)

Evet, biz onları da atalarını da, faydalandırdık. Öyle ki uzun süre yaşadılar. Ama, artık görmüyorlar mı ki, biz yeryüzünü çevresinden eksiltiyoruz? O hâlde, onlar mı galip gelecekler? (Diyanet Vakfı)

Rad suresi 41. ayet:

Görmüyorlar mı ki, biz yeri etrafından eksiltip duruyoruz. Allah öyle hükmeder ki, O´nun hükmünü engelleyecek kimse yoktur. O çok hızlı hesap görür. (Elmalılı Hamdi Yazır)

Onlar, bizim yeryüzüne (kudretimizle) gelip onu etrafından eksilttiğimizi görmediler mi? Allah, hükmeder. O'nun hükmünü bozacak hiçbir kimse yoktur. O, hesabı çabuk görendir. (Diyanet Vakfı)

Yeryüzünün küre olması hâlinde bu eksiltme işinin nasıl olacağı bir muammadır. Kürenin etrafından eksiltmenin yapılması durumunda aynen bir portakalın soyulması gibi yüzeyinin soyulmasının gerçekleşeceği bir vakıadır. Ancak yeryüzünde böyle bir şey olmadığına göre, bu eksiltmenin disk şeklindeki yeryüzünün Antarktika buzulları ile kaplanması sonucu oluşan bir eksiltme olduğu kolayca anlaşılmaktadır.

Antarktika'nın araştırılması için 13 gemi, bir uçak gemisi ve 5000 bahriyeli eşliğinde görevlendirilen Amiral Richard E. Byrd'in önce akıl hastası olarak ilan edilmesi, sonra da öldürülmesi ve verdiği demeçlerdeki notlara dikkate edildiğinde Antarktika'nın aslında bize öğretilenlerin dışında bir yapıya sahip olduğu, buzulların ötesinde yeryüzünün diğer büyük kısmının kaldığı anlaşılabilir. Byrd'in bir röportajında (Longines Chronoscope) Güney Kutbu'nun ötesinde, hiç kimsenin ayak basmadığı Birleşik Devletler'den bile büyük kıtaların olduğunu söylemiştir. Ayette bahsedilen yeryüzünün çevresinden eksiltmenin buzullarla yaşam alanının sınırlandırılmış olmasının anlaşılmasında tecrübeden kaynaklı bilgi olması bakımından bu röportaj önem arz etmektedir.

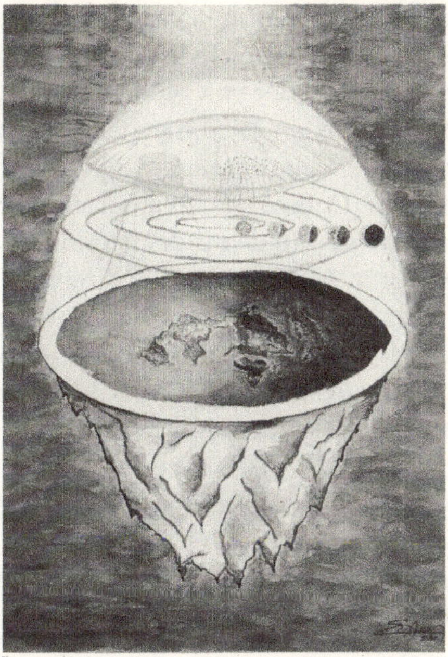

Şekil 30: Önerilen yeryüzü ve gökler modelinin şematik gösterimi

Kıyametten Önce Ne Olacak?

Kıyamet, genelde Dünya'nın yok oluşu olarak algılanır. Burada Dünya kelimesi bilerek kullanıldı. Kıyamet günü Dünya'nın yok olacağı düşüncesi genelde yeryüzünü Dünya olarak algılayan kişiler de bulunmaktadır. Aslında Dünya ve yeryüzünün birbirinden farklı kelimeler olduğu, ifade ettikleri kavramlarında farklı olduğu anlatılmıştı. Kıyamet günü Dünya hayatının sonlanacağı doğrudur ancak yeryüzü yok olmayacaktır. Aslında Dünya ve yeryüzü kavramları birbirine karıştığından Dünya hayatının sonlanması yeryüzünün yok olması olarak algılanıp kıyametin bu şekilde oluşacağı düşüncesi oluşmuştur. Dünya hayatı yakın, yaşanan hayat; ahiret hayatı ise gelecekte yaşanacak olan hayattır. Dolayısıyla Kur'an'a göre kıyametten önce Dünya hayatı sonlanacak, kıyametle birlikte ahiret hayatı başlayacaktır. Bu süreçte yeryüzü ve gökler yok olmayacak, değişime uğrayacaktır. Değişim, kıyametten önce meydana gelecektir. Kıyamet kelimesi *kıyam* ile ilgili olup *kıyam*, ayağa kalkmak anlamında Arapça bir kelimedir. Dolayısıyla kıyamet süreci değişimden hemen sonra olacaktır. Kur'an'da bu değişimin başlangıcı kıyamet kelimesiyle değil, gün (yevm) ve saat kelimeleri ile anlatılmıştır (Hakka suresi 15. ayet, Casiye suresi 27. ayet, Casiye suresi 32. ayet, Zuhruf suresi 85. ayet, Muhammed suresi 18. ayet, Şura suresi 18. ayet, Ahzap suresi 63. ayet vd.). Kıyamet ise yeryüzünün ve göklerin başka yer ve gökler olmasından sonra insanların tekrar dirilip ayağa kalkarak mahşer yerine koşmalarıyla ilgili bir süreç olarak tarif edilmiştir (Mümtehine suresi 3. ayet, Mücadele suresi 7. ayet, Zümer suresi 68. ayet, Zümer suresi 60. ayet, Kasas suresi 41. ayet, Muminun suresi 16. ayet, Enbiya suresi 47. ayet, Yasin suresi 51-53. ayet vd.).

Hakka suresi 15. ayet:

فَيَوْمَئِذٍ وَقَعَتِ ٱلْوَاقِعَةُ

İşte o gün o vâkıa vukua gelmiştir (Elmalılı Hamdi Yazır)

Sûr'a bir defa üfürülünce, yeryüzü ve dağlar kaldırılıp birbirine bir çarptırılınca, işte o gün olacak olmuştur. (Diyanet Vakfı)

Muhammed suresi 18 ayet:

فَهَلْ يَنظُرُونَ إِلَّا ٱلسَّاعَةَ أَن تَأْتِيَهُم بَغْتَةًۖ فَقَدْ جَآءَ أَشْرَاطُهَاۚ
فَأَنَّىٰ لَهُمْ إِذَا جَآءَتْهُمْ ذِكْرَىٰهُمْ

Artık onlar, kıyamet saatinin kendilerine ansızın gelivermesine mi bakıyorlar? Şüphesiz onun alametleri gelmiştir. Artık kıyamet kendilerine gelip çatınca anlamaları neye yarar? (Elmalılı Hamdi Yazır)

Onlar kıyametin kendilerine ansızın gelmesinden başka bir şey beklemiyorlar. Muhakkak onun alametleri gelmiştir (ama öğüt almıyorlar). Kıyamet kendilerine gelip çatınca öğüt almaları kendilerine ne fayda verecek? (Diyanet Vakfı)

Mümtehine suresi 3. ayet:

لَن تَنفَعَكُمْ أَرْحَامُكُمْ وَلَآ أَوْلَٰدُكُمْ ۚ يَوْمَ ٱلْقِيَٰمَةِ يَفْصِلُ بَيْنَكُمْ ۚ وَٱللَّهُ

بِمَا تَعْمَلُونَ بَصِيرٌ

Kıyamet günü yakınlarınız ve çocuklarınız size fayda vermezler. Çünkü Allah aranızı ayırır. Allah yaptıklarınızı görendir. (Elmalılı Hamdi Yazır)

Yakınlarınız ve çocuklarınız size asla fayda vermeyecektir. Kıyamet günü Allah aranızı ayıracaktır. Allah, yaptıklarınızı hakkıyla görendir. (Diyanet Vakfı)

Mücadele suresi 7. ayet:

اَلَمْ تَرَ اَنَّ اللّٰهَ يَعْلَمُ مَا فِى السَّمٰوٰتِ وَمَا فِى الْاَرْضِ ۜ مَا يَكُونُ

مِن نَّجْوَىٰ ثَلَٰثَةٍ إِلَّا هُوَ رَابِعُهُمْ وَلَا خَمْسَةٍ إِلَّا هُوَ سَادِسُهُمْ وَلَآ

أَدْنَىٰ مِن ذَٰلِكَ وَلَآ أَكْثَرَ إِلَّا هُوَ مَعَهُمْ أَيْنَ مَا كَانُوا۟ ۖ ثُمَّ يُنَبِّئُهُم بِمَا

عَمِلُوا۟ يَوْمَ ٱلْقِيَٰمَةِ ۚ إِنَّ ٱللَّهَ بِكُلِّ شَىْءٍ عَلِيمٌ

Göklerde ve yerde olanları, Allah´ın bildiğini görmüyor musunuz? Üç kişinin gizli konuştuğu yerde dördüncüsü mutlaka O´dur. Beş kişinin gizli konuştuğu yerde altıncısı mutlaka O´dur. Bunlardan az veya çok olsunlar ve nerede bulunurlarsa bulunsunlar mutlak O, onlarla beraberdir. Sonra kıyamet günü onlara yaptıklarını haber verecektir. Doğrusu Allah, her şeyi bilendir. (Elmalılı Hamdi Yazır)

Göklerdeki ve yerdeki her şeyi Allah'ın bildiğini görmüyor musun? Üç kişi gizlice konuşmaz ki, dördüncüleri O olmasın. Beş kişi gizlice konuşmaz ki altıncıları O olmasın. Bundan daha az, yahut daha çok da olsalar, nerede olurlarsa olsunlar, O mutlaka onlarla beraberdir. Sonra onlara yaptıklarını Kıyamet günü haber verecektir. Allah, her şeyi hakkıyla bilir. (Diyanet Vakfı)

Zümer suresi 68. ayet:

وَنُفِخَ فِى ٱلصُّورِ فَصَعِقَ مَن فِى ٱلسَّمَٰوَٰتِ وَمَن فِى ٱلْأَرْضِ إِلَّا

مَن شَآءَ ٱللَّهُ ثُمَّ نُفِخَ فِيهِ أُخْرَىٰ فَإِذَا هُمْ قِيَامٌ يَنظُرُونَ

Ve sûra üflenmiştir. Göklerde kim var, yerde kim varsa çarpılıp yıkılmıştır. Ancak Allah´ın dilediği müstesna. Sonra ona bir daha üflenmiştir. Bu defa da hep onlar kalkmışlar bakıyorlardır. (Elmalılı Hamdi Yazır)

Sûr'a üflenir ve Allah'ın dilediği kimseler dışında göklerdeki herkes ve yerdeki herkes ölür. Sonra ona bir daha üflenir, bir de bakarsın onlar kalkmış bekliyorlar. (Diyanet Vakfı)

Yeryüzü ve göklerdeki değişimin kıyametten önce 1. sûra üflenişle gerçekleşeceğinden konunun başlığı "Kıyametten önce ne olacak?" olarak yazılmıştır. 2. sûra üflenişle birlikte kıyamet süreci ve sonrasında ahiret hayatı başlayacak olup yer ve göklerin değişim süreciyle ilgili bir zaman dilimi olmadığından 2. sûra üfleniş kısmı yazının kapsamında bulunmamaktadır.

Birinci sûra üflenişle birlikte hem gökte hem de yeryüzünde köklü değişimlerin olacağını Allah (c.c.) Kur'an'da bildirmiştir. Bu konu gelecekle ilgi bilgiler olduğundan insanların tahminleri yanıltıcıdır ve gerçekle bir ilgisi yoktur. Kur'an; ilminin her şeyi kuşattığı, gelecek ve geçmişe ait tüm bilgilerin yazılı olduğu levh-i mahfuzun sahibi Allah (c.c.) katından olduğundan, gelecekle ilgili Kur'an'da geçen her şey mutlak doğrudur. Birinci sûra üflenişle yeryüzü ve gökte oluşacak değişimlere ait Kur'an'da birçok ayet mevcut olup farklı surelere serpiştirilmiş hâlde bulunmaktadır.

Bu ayetlerden gök ve yeryüzü modelini bildiren en çarpıcı ayet Enbiya suresi 104. ayettir.

يَوْمَ نَطْوِى ٱلسَّمَآءَ كَطَىِّ ٱلسِّجِلِّ لِلْكُتُبِ ۚ كَمَا بَدَأْنَآ أَوَّلَ خَلْقٍ نُّعِيدُهُۥ ۚ وَعْدًا عَلَيْنَآ ۚ إِنَّا كُنَّا فَٰعِلِينَ

Göğü, kitab dürer gibi dürdüğümüz zaman, yaratmaya ilk başladığımız gibi, katımızdan verilmiş bir söz olarak onu tekrar var edeceğiz. Doğrusu biz bunları yaparız. (Elmalılı Hamdi Yazır)

Yazılı kâğıt tomarlarının dürülmesi gibi göğü düreceğimiz günü düşün. Başlangıçta ilk yaratmayı nasıl yaptıysak, -üzerimize aldığımız bir vaad olarak- onu yine yapacağız. Biz bunu muhakkak yapacağız. (Diyanet Vakfı)

Bu ayette gök tekil olarak kullanılmıştır. Semavat yerine *sema* kelimesi kullanılmıştır. Dürülme günü ise yine yevm (gün) olarak belirtilmiştir. Bu ise 1. sûra üflenişle başlayan kıyametten önceki değişim günüdür. Dürülen gök ise yeryüzüne en yakın gök olan gök kubbe olarak adlandırdığımız 1. kat göktür. 7 kat gökten sadece 1. kat göğün dürülmesinde bahsedilmiş ancak diğer göklerle ilgili bilgi verilmemiştir. Bu ise diğer göklerde değişim olmayacağını ima etmektedir. 1. kat gökte Güneş, Ay, yıldızlar ve burçlar mevcut olduğundan bu dürülme esnasında Güneş'in de dürülmesi gerekir ki buna yönelik bilgi Tekvir suresinin 1. ayetinde verilmiştir. 1. kat gök kâğıt tomarı gibi dürülürken bu ayette 1. kat gökte olan Güneş'in de bu tomar içinde dürüleceği bilgisi verilmiştir ki bu durumun küre modelinde gerçekleşmesi imkânsızdır. Çünkü küre modelinde gök, belirli gazlardan oluşan bir gaz kümesidir ve Güneş bu göğün içinde değildir, ayrı bir düzlemdedir. Tekvir kelimesi *Tefsir-i Kebir* kitabında, görünmeyecek şekilde bir şey içinde dürülme olarak ifade edilmiştir. Bir bohçanın içine dürülerek saklanması anlamı verilmiştir. Enbiya suresi 104. ayet, Kıyamet suresi 9. ayet ve Tekvir suresi 1 ve 2. ayetler birlikte değerlendirildiğinde 1. kat dürülürken Güneş'in 1. kat içinde dürüleceği, bu dürülme esnasında Güneş ve Ay'ın bir araya geleceği ve yıldızların da döküleceği anlaşılmaktadır. Dolayısıyla kıyamet öncesi yer, gök, Güneş, Ay ve yıldızlarda oluşacak olaylar, küre modeliyle örtüşmemektedir. Çünkü küre modelinde Güneş ve Ay farklı düzlemde bulunmaktadır. 1. kat gök dürülürken 1. kat gökte olmayan 2 cismin (Güneş ve Ay) bu gök içinde kalacak şekilde bir arada dürülmesi küre modeli ile örtüşmemektedir. Şekil 30'da verilen yeryüzünün disk ve hareketsiz, yukarısında 1. kat gök ve bu göğün içinde bulunan Güneş, Ay ve yıldızların olduğu model ile açıklanabilmektedir. Zaten Tekvir 2. ayetinde de yıldızların da döküleceği bilgisi yer almaktadır. İnkidar fiili dökülme, saçılma manasındadır (Fahruddin er Razi, Tefsiri Kebir, 1992, 22. cilt, s.521-522, Akçağ).

Tekvir suresi 1 ve 2. ayetler:

إِذَا ٱلشَّمْسُ كُوِّرَتْ

Güneş katlanıp dürüldüğünde, (Elmalılı Hamdi Yazır)

Güneş, dürüldüğü zaman, (Diyanet Vakfı)

وَإِذَا ٱلنُّجُومُ ٱنكَدَرَتْ

Yıldızlar bulandığında, (Elmalılı Hamdi Yazır)

Yıldızlar, bulanıp söndüğü zaman, (Diyanet Vakfı)

Kıyamet suresi 8 ve 9. ayetler:

وَخَسَفَ ٱلْقَمَرُ وَجُمِعَ ٱلشَّمْسُ وَٱلْقَمَرُ

Ve Ay tutulur, Güneş ve Ay toplanır, (Elmalılı Hamdi Yazır)

ay karanlığa gömüldüğü, Güneş ve Ay bir araya getirildiği zaman, (Diyanet Vakfı)

Tekvir suresinin 3, 4, 5 ve 6. ayetleri ise bu esnada yeryüzünde vuku bulacak olaylardan bahsetmektedir. 3. ayet dağların yürütülmesinden, 5. ayet hayvanların bir araya toplanmasından ve 6. ayet, denizlerin tutuşturulmasından bahsetmektedir. Bu ayetler gök dürüldüğü, Güneş'in bu dürülme esnasında göğün içinde sarıldığı, yıldızların döküldüğü esnada yeryüzündeki değişimin farklı olacağını bildirmektedir. Bu değişimin ise dağların atılmış yün (Karia suresi 5. ayet, Mearic suresi 9. ayet vd.) gibi parçalanması, hayvanların bir araya toplanması ve denizlerin tutuşturulması şeklinde olacağıdır. Bu ayetler, bu değişim esnasında yeryüzünün parçalanmayacağını ancak yeryüzündeki dağların parçalanacağını, denizlerin ise alevlenerek yanmaya başlayacağını bildirmektedir. Tekvir suresi 6. ayette geçen *süccirat* kelimesine tutuşturulma anlamı verilmiştir (Fahruddin er Razi, Tefsiri Kebir, 1992, 22. cilt, s.521-522, Akçağ). Bu ise dağların parçalanmasından sonra yeryüzünün içinde olan ve yeryüzüne manyetik özellik kazandıran yüksek sıcaklıktaki erimiş demir maddesinin yüzeye çıkması ve denizleri alev yumağına çevirmesiyle oluşacağı düşüncesine bizleri sevk etmektedir. Tekvir suresinin 7. ayeti ve sonrasında ise kıyamet sonrası (2. sûra üfleniş sonrasını) anlatılmaktadır. Tekvir suresinde kıyamet öncesi oluşacak olaylar bir sıra dahlinde anlatılmış; gökle birlikte (Enbiya suresi 104. ayet) Güneş'in dürülmesi, bu süreç esnasında yıldızların dökülmesi, akabinde göğün açılmasından sonra dağların parçalanıp toz hâline getirilmesi, bu esnada hayvanların korkarak fıtratlarının aksine hareket etmesi, yeryüzü çekirdeğindeki magmanın yüzeye çıkarak yeryüzünü kaplamasının olacağı bilgileri verilmiştir. İnfitar suresinin 3. ayeti ise denizlerin birleşeceğinden bahsetmektedir. Denizlerin birleşmesi aralarındaki engelin kalkmasıyla mümkün olacağından, denizleri ayıran kara parçalarının da parçalanacağı anlaşılmaktadır.

Nebe suresinin 19. ayetinde ise Allah (c.c.) gökyüzünün açılacağını ve gökyüzünde kapıların oluşacağını bildirmiştir. Enbiya suresinin 104. ayeti ile bu ayet birlikte değerlendirildiğinde gökyüzünün dürülmesi ile yeryüzü üzerinde bulunan 1. kat göğün de dürülerek kaldırılacağı anlaşılmaktadır. 1. kat gök dürülerek açıldıktan sonra da Nebe suresi 19. ayette gökyüzünde kapıların oluşacağından bahsedilmiştir. Bu kapıların ne amaçla oluşacağı ise Araf suresinin 40. ayetinden anlaşılmaktadır. Cehenneme girecek kişiler için bu kapıların açılmayacağı belirtilmiştir. Dolayısıyla 1. kat göğün dürülerek açılmasının 1.

sûra üflenişte, gökte kapıların açılmasının ise 2. sûra üfleniş-ten sonra olacağı anlaşılmaktadır. Gökte kapıların açılması, o kapılardan geçecek kişilerin olması durumunda bir anlam kazanır. Allah (c.c.), cennete giremeyecek olanlar için kapı açılmayacağını bildirmek ile ahiret hayatındaki iki zıt durumu da bildirmiştir. Ahiret hayatında; mutlak zevk ve memnuniyetin olduğu cennet ortamı ile mutlak eziyet ve üzüntünün olduğu cehennem ortamı olarak iki farklı durum söz konusudur. Cennete giremeyecekler için gökte kapılar açılmayacağına göre, gökte açılan kapılardan cennete girecek kişiler geçecektir. Cennete ve cehenneme girecek kişilerin mahşerde belli olacağı, mahşer ise 2. sûra üflenişten sonra meydana gelen kıyametten sonra gerçekleşeceği için söz konusu kapıların 2. sûra üfleniş-ten sonra kıyamet ile birlikte oluşacağı anlaşılmaktadır.

Araf suresi 40. ayet:

إِنَّ ٱلَّذِينَ كَذَّبُوا۟ بِـَٔايَـٰتِنَا وَٱسْتَكْبَرُوا۟ عَنْهَا لَا تُفَتَّحُ لَهُمْ أَبْوَٰبُ
ٱلسَّمَآءِ وَلَا يَدْخُلُونَ ٱلْجَنَّةَ حَتَّىٰ يَلِجَ ٱلْجَمَلُ فِى سَمِّ ٱلْخِيَاطِ ۚ
وَكَذَٰلِكَ نَجْزِى ٱلْمُجْرِمِينَ

Bizim âyetlerimizi yalanlayan ve onlara inanmaya tenezzül etmeyenler var ya, işte onlara göğün kapıları açılmayacak ve deve (veya halat) iğne deliğinden geçinceye kadar onlar cennete giremeyeceklerdir. İşte suçluları böyle cezalandırırız. (Elmalılı Hamdi Yazır)

Âyetlerimizi yalanlayanlar ve o âyetlere uymayı kibirlerine yediremeyenler var ya, onlara göklerin kapıları açılmaz. Onlar, deve iğne deliğinden geçinceye kadar cennete de giremezler! Biz suçluları işte böyle cezalandırırız. (Diyanet Vakfı)

Araf suresinin 40. ve Nebe suresinin 19. ayetleri aynı zamanda cennetin göklerde, cehennemin ise yeryüzünde olduğunu ima etmektedir. Gökte kapılar açılmayacağına göre cennete gidemeyecekler (cehenneme gidecek olanlar) yeryüzünde kalacaktır. Bu durum ise cehennemin yeryüzünde oluşacağını göstermektedir. Bu iki ayet, aynı zamanda cennet ve cehenneme gideceklerin belirlenmesinin de yeryüzünde olacağını bildirmektedir. Ahiret hayatında kişilerin cennet veya cehenneme gidişlerinin mahşerdeki hesaptan sonra olacağı bilgisi ile bu ayetler birlikte yorumlandığında mahşerin de yeryüzünde kurulacağı anlaşılmaktadır ki Zümer suresinin 69. ayeti bunu daha net bir ifade ile belirtmiştir. Zümer suresinin 69. ayetinin ifade ettiği mana Zümer suresinin 68. ayeti ile birlikte değerlendirildiğinde daha iyi anlaşılacaktır.

Zümer suresi 68 ve 69. ayetler:

وَنُفِخَ فِى ٱلصُّورِ فَصَعِقَ مَن فِى ٱلسَّمَٰوَٰتِ وَمَن فِى ٱلْأَرْضِ إِلَّا
مَن شَآءَ ٱللَّهُ ۖ ثُمَّ نُفِخَ فِيهِ أُخْرَىٰ فَإِذَا هُمْ قِيَامٌ يَنظُرُونَ

وَأَشْرَقَتِ ٱلْأَرْضُ بِنُورِ رَبِّهَا وَوُضِعَ ٱلْكِتَٰبُ وَجِا۟ىٓءَ بِٱلنَّبِيِّۦنَ
وَٱلشُّهَدَآءِ وَقُضِىَ بَيْنَهُم بِٱلْحَقِّ وَهُمْ لَا يُظْلَمُونَ

Ve sûra üflenmiştir. Göklerde kim var, yerde kim varsa çarpılıp yıkılmıştır. Ancak Allah´ın dilediği müstesna. Sonra ona bir daha üflenmiştir. Bu defa da hep onlar kalkmışlar bakıyorlardır. Yer, Rabbinin nuru ile parlamıştır. Kitap konmuş, peygamberler ve şahitler getirilmiş ve aralarında hak ile hüküm verilmektedir. Hem onlara hiç haksızlık yapılmaz. (Elmalılı Hamdi Yazır)

Sûr'a üflenir ve Allah'ın dilediği kimseler dışında göklerdeki herkes ve yerdeki herkes ölür. Sonra ona bir daha üflenir, bir de bakarsın onlar kalkmış bekliyorlar. Yeryüzü, Rabbinin nuruyla aydınlanır. Kitap (amel defterleri) ortaya konur. Peygamberler ve şahitler getirilir ve haksızlığa uğratılmaksızın aralarında adaletle hüküm verilir. (Diyanet Vakfı)

Birinci sûra üflenişte kıyamet öncesi olayların vuku bulacağı bilinmektedir. Bunlar ise yukarıda anlatılmıştır. İkinci sûra üflenişte ise kıyametin olacağı hem Zümer suresinin 68. ayetinde diğer birçok ayette vurgulanmıştır. İnsanların yeryüzünde yaşayacağı, burada öleceği ve tekrar yeryüzünde dirileceğini bildiren Araf suresinin 25. ayeti ile birlikte değerlendirildiğinde bu kıyametin yeryüzünde olacağı anlaşılmaktadır.

Araf suresi 25. ayet:

قَالَ فِيهَا تَحْيَوْنَ وَفِيهَا تَمُوتُونَ وَمِنْهَا تُخْرَجُونَ

Orada yaşayacaksınız, orada öleceksiniz ve yine oradan (dirilip) çıkarılacaksınız! dedi. (Elmalılı Hamdi Yazır)

Allah, dedi ki: Orada yaşayacaksınız, orada öleceksiniz ve oradan (mahşere) çıkarılacaksınız. (Diyanet Vakfı)

Bu ayet Adem (a.s.)'in yeryüzüne inmesinden sonra, ona bildirilen bir bilgi olarak Kur'an'da geçmektedir. Yani insanoğluna bir hitaptır.

Kaf suresi 44. ayet:

يَوْمَ تَشَقَّقُ الْاَرْضُ عَنْهُمْ سِرَاعًاۜ ذٰلِكَ حَشْرٌ عَلَيْنَا يَسِيرٌ

O gün yer yarılır, insanlar kabirlerinden çabucak çıkarlar. İşte bu, sadece bize göre kolay bir toplanmadır. (Elmalılı Hamdi Yazır)

O gün yer yarılır, onların üzerinden süratle yarılıp açılır. Bu, bize göre kolay olan bir haşirdir. (Diyanet Vakfı

Yasin suresi 51. ayet:

وَنُفِخَ فِي الصُّورِ فَاِذَا هُمْ مِنَ الْاَجْدَاثِ اِلَى رَبِّهِمْ يَنْسِلُونَ

Sûr'a üfürülmüştür, bir de ne baksınlar kabirlerinden Rablerine doğru akın ediyorlar. (Elmalılı Hamdi Yazır)

Nihayet Sûr'a üfürülecek. Bir de bakarsın ki onlar kabirlerinden kalkıp koşarak Rablerine giderler. (Diyanet Vakfı)

Yasin suresinin 51. ve Kaf suresinin 44. ayetleri birlikte değerlendirildiğinde sûra ikince kez üflendiğinde yerin yarılacağı ve insanların oradan çıkarak mahşer yerine ve Allah (c.c.)'a doğru doğru hızlıca koşacağı anlaşılır.

Zümer suresinin 69., Araf suresinin 25., Yasin suresinin 51. ve Kaf suresinin 44. ayetleri ile birlikte değerlendirildiğinde mahşerin yeryüzünde kurulacağı bir gerçektir. 1. kat gök ve içindekiler (Güneş, Ay ve yıldızlar) dürülüp kaldırıldığında karanlığa gömülen yeryüzünün Allah (c.c.)'ın nuru ile aydınlanacağı, Zümer suresinin 68. ve Araf suresinin 25. ayetleri gereği dirilmenin bu hâldeki yeryüzünde olacağı ve mahşerin de yeryüzünde kurulacağı (Zümer suresinin 69. ve Kaf suresinin 44. ayetleri) açıkça belirtilmiştir. Fecr suresinin 22. ayetinde ise 2. sûra üflenişten sonra Allah (c.c.)'ın yeryüzüne geleceği ve meleklerin saf saf dizileceği bildirilmiştir. "Rabbin geldiği ve melekler saf saf dizildiği zaman" Zümer suresinin 69. ve Fecr suresinin 22. ayetleri yeryüzünün mahşere ev sahipliği yapacağını, Allah (c.c.)'ın insanları yeryüzünde hesaba çekeceğini ve meleklerin ineceğini bildirmektedir. Aslında Allah (c.c.)'ın mahşerde yeryüzüne geleceğini Bakara suresinin 210. ayeti de ima etmektedir. "İlle de buluttan gölgeler içinde Allah´ın ve meleklerinin gelmesini mi beklerler? Hâlbuki iş bitirilmiştir. Bütün işler yalnızca Allah´a döndürülür." Bu ayette Allah (c.c.) yeryüzüne gelmesinin işin bitirilmesinden (dünya hayatının sonlanması ve ahiret hayatının başlaması) sonra olacağı vurgulanmıştır ki bu ayet, Fecr suresinin 22. ve Zümer suresinin 69. ayetleri ile birlikte değerlendirildiğinde mahşerin yeryüzünde kurulacağı anlaşılmaktadır. Mahşerin yeryüzünde kurulacak olması ise yeryüzünün kıyamette yok olmayacağını, sadece değişeceğini göstermektedir. 1. kat göğün dürülüp kaldırılması ve akabinde dağların yok edilmesi (toz hâline getirilmesi) aşamalarından sonra yeryüzünün mahşere hazırlanacağı ve bu nedenle dümdüz bir satıh hâline getirileceği İnşikak suresinin 3. ayetinde belirtilmiştir.

İnşikak suresi 3. ayet:

وَإِذَا ٱلْأَرْضُ مُدَّتْ

Yer uzatılıp düzlendiği. (Elmalılı Hamdi Yazır)

Yer uzatılıp dümdüz edildiği zaman. (Diyanet Vakfı)

İnşikak suresinin ilk 7 ayetinin birlikte değerlendirilmesi durumunda, 1. sûra üfleniş ile yeryüzünün mahşere hazırlandığı, sonrası ise yeryüzünde mahşerin kurulduğu ve bu süreçte yeryüzünün Allah (c.c.)'ın nuru ile aydınlanacağı anlaşılmaktadır. Tüm insanların mahşerde birlikte hesaba çekileceği de yine birçok ayette belirtilmiştir.

Hicr suresi 19. ayette Allah (c.c.) yeryüzünün zaten düz olduğunu belirtmesine rağmen göğün açılmasından sonra yeryüzünün düzleştirilmesinden niçin bahsetmiştir? Düz olan bir zemin tekrar niye düzleştirilsin? Hicr suresinin 19. ayetinde yerin nasıl olduğunu Allah (c.c.) *medde* fiili ile bildirmiş olup yerin yayılmış bir biçimde olduğu vurgusu yapılmıştır. Yeryüzü, yoktan var edilmitir. İnşikak suresinin 3. ayetinde ise var edilmiş bir nesnenin şeklindeki değişim yine *medde* fiili ile vurgulanmıştır. *Medde* fiili her iki anlamı da içermektedir. İnşikak suresinin 3. ayetinde geçen *medde* kelimesinin aslında düzleştirmek değil genişletmek anlamında kullanıldığını Rad suresinin 41. ayeti ile birlikte değerlendirildiğinde daha açık bir şekilde anlaşılacaktır.

Rad suresi 41. ayet:

أَوَلَمْ يَرَوْا۟ أَنَّا نَأْتِى ٱلْأَرْضَ نَنقُصُهَا مِنْ أَطْرَافِهَا ۚ وَٱللَّهُ يَحْكُمُ لَا
مُعَقِّبَ لِحُكْمِهِۦ ۚ وَهُوَ سَرِيعُ ٱلْحِسَابِ

Görmüyorlar mı ki, biz yeri etrafından eksiltip duruyoruz. Allah öyle hükmeder ki, O´nun hükmünü engelleyecek kimse yoktur. O çok hızlı hesap görür. (Elmalılı Hamdi Yazır)

Onlar, bizim yeryüzüne (kudretimizle) gelip onu etrafından eksilttiğimizi görmediler mi? Allah, hükmeder. O'nun hükmünü bozacak hiçbir kimse yoktur. O, hesabı çabuk görendir. (Diyanet Vakfı)

Bu ayet, aslında yeryüzünün tamamının Dünya hayatında kullanımına izin verilmediğini, belirli bir kısmının kullanıldığını bildirmektedir. İnşikak suresi 3. ayet ile bu ayet birlikte değerlendirildiğinde, İnşikak suresi 3. ayette geçen *medde* fiilinin genişletmek anlamında kullanıldığı görülecektir. Allah (c.c.) yeryüzünü çok geniş yaratmıştır. Göklerin çapı ile yeryüzünün çapı aynıdır. Ancak yaşam şu an sadece Güney Kutbu ile çevrili alanda (Şekil 30) sürmektedir. 1. sûra üflenişle birlikte

1. kat göğün kaldırılması ve denizlerin kaynatılması sürecinde Güney Kutbu'ndaki yeryüzünü daraltan buzulların erimesi ile yeryüzünün eksiltilen kısmının açılması sağlanarak İnşikak suresi 3. ayette belirtilen genişleme vuku bulacaktır (Allahuâlem). İnşikak suresi 4. ayette geçen yerin içindekileri boşaltması ise denizleri de tutuşturacak olan yerin içindeki erimiş demir maddesinin (magmanın) yeryüzüne çıkması olarak algılandığında, cehennemin tutuşturulması da anlaşılmış olacaktır. Allah (c.c.), yarattığı geniş yeryüzünün uçlarından eksilterek dar bir alanda Dünya hayatının yaşanmasını sağlamıştır. Ancak ahiret hayatının başlangıcında bu kısıtlanan alan da açılarak yeryüzü gerçek boyutuna getirilecektir ki bu durum yine *medde* fiili ile ifade edilmiştir.

1 ve 2. sûra üflenişlerde yaşanacak olayların küre modelinde olması muhal bir durumdur. Tüm bu olaylar yeryüzünün Kur'an'ın da bildirdiği gibi disk şeklinde düz bir satıh ve gökyüzünün de aynı ölçüde ve yeryüzüne bitişik olması durumunda vuku bulabilecektir. Tabii ki Allah (c.c.)'ın kudreti sonsuzdur. Dilediğini dilediği şekilde ve dilediği anda yaratır, bunda asla şüphe yoktur. Ancak Allah (c.c.)'ın yeryüzü ve gökler ile ilgili 1 ve 2. sûra üfleniş süreçlerinde yaşanacakları açık ve net bir şekilde bildirmiş olmasından dolayı yeryüzü ve göklerin bu süreçlerde nasıl olacağını biz kulları ancak öngörebiliriz. Bu anlatımlar, yeryüzünün küre ve uzay denen bir boşlukta bulunamayacağını bildirmektedir velhasıl. "Onlar ayaktayken, otururken ve yanları üzerine yatarken Allah'ı anarlar; **göklerin ve yerin yaratılışı üzerinde düşünürler.** Ve 'Rabbimiz! Sen bunu boş yere yaratmadın, Sen yücesin, bizi ateşin azabından koru.' derler." mealindeki Âl-i İmran suresinin 191. ayeti gereği göklerin ve yerin niçin ve nasıl yaratılıp hangi formda bulunduklarını anlamayı ve gözlem sonuçları ile Kur'an'da bu durumla ilgili ayetlerin yorumlanmasını Allah (c.c.) bize görev olarak

vermiştir. Bazı âlimler, kişinin ömrü boyunca en azından bir kez göğe bakıp "Ya Rabbi! Sen bunları boşuna yaratmadın" zikri eşliğinde gökler ve yer hakkında düşünmesinin farz olduğunu belirtmişlerdir. Allah (c.c.) gökler ve yer ile ilgili özellikle Mekke döneminde inen ayetlerde birçok bilgi vermiştir. Bu bilgilere ilaveten 1 ve 2. sûra üfleniş ve mahşer ile ilgili de bilgiler vererek göklerin ve yerin nasıl olduğu, sûra üflenişler esnasında bunların nasıl bir değişime uğrayacağı konusunda düşünmemizi murat etmiştir Allahuâlem. Sadece varsayım (Kopernik'in yaptığı gibi) ve gözlem yoluyla (Galileo ile başlayıp birçok bilim insanın yaptığı gibi) Allah (c.c.)'ın yarattığı bu uçsuz bucaksız yeryüzü ve gökler hakkında yine Allah (c.c.)'ın bildirdiği mesajlar dikkate alınmadan yer ve göklerin (güncel kavramla; uzay ve Dünya'nın) kavranması, insanın kapasitesini aşmaktadır. Bu nedenle yeryüzü ve gök ile ilgili oluşturulacak modellemelerde Kur'an ayetleri dikkatlice bir daha irdelenmeli ve ayetlerin bildirdiği bilgiler; cümle morfolojisi, kelime anlamları ve Arap edebiyatında bu kelimelin kullanım amaçları çerçevesinde yeni bir bakış açısı ile yer ve gökler modeline yönelik yeni varsayımlar yapılmalıdır. Küre modeline iman etmiş NASA gibi kuruluşların, küre modelini destekler biçimde sözde uzaydan çekilmiş fotoğraflara güvenerek Âl-i İmran suresinin 191. ayetini uygulamak, biraz safdillik olsa gerek. Kur'an ayetlerinin belirttiği gökler ve yer modeli gözlemlerle delillendirilebilir. Bunun için NASA'nın yaptığı gibi uzay boşluğuna bakmaya gerek yoktur. Yeryüzündeki deliller yeterli olacaktır. NASA'nın baktığı yer uzay denen bir boşluk olmayıp 1. kat gökyüzüdür. Dolayısıyla NASA, 1. kat gökyüzünü uzay kabul etmektedir. Tüm gök cisimleri (gezegenler, yıldızlar, yıldız kümeleri, Kuzey Yıldızı, Güneş, Ay vd.) Kur'an'ın ifadesi ile zaten 1. kat gökyüzünde bulunmaktadır. Yeryüzünün küre olmadığı ve hem kendi ekseni hem de Güneş çevresinde dönmediği,

Güney Kutbu üzerinde yapılacak bir uçak seferi ile ispatlanabilir. Bugün hâlihazırda Güney Kutbu'nun başlangıç kısımlarına gezilerin başlatıldığı Arjantin'in liman şehrinden bir uçak kaldırılarak sürekli güneye uçması sağlanabilir. Küre olması durumunda Güney Kutbu'nu geçtikten sonra pusulanın kuzeyi göstermesi ve nihayetinde de uçağın Avusturalya'nın kıyı şehrine ulaşması gerekir. Küre modelinde gösterilen bu mesafe günümüzdeki uçak teknolojisi ile aşılabilecek bir mesafedir ki zaten günümüz teknolojisinden daha eski bir teknoloji ile yapılan uçak ile Dünya çevresinde tam bir tur atıldığı bilinmektedir. Dünya çevresinde yapılan bu tam tur olayı ile yeryüzünün küre olduğu vurgusu yapılmış olsa da turun doğu-batı istikametinde olmuş olması nedeniyle söz konusu veri, sadece küre olduğunu değil disk şeklinde düz olduğunu da göstermektedir. Küre olduğunun delili ise güney-kuzey doğrultusunda tam bir tur atılmasıdır ki bu ise ancak yukarıda bahsettiğim deneme (Güney Kutbu üzerinden geçmek) ile olabilecektir. Hâlen gemicilerin disk şeklinde Dünya kabulü ile yollarını bulması da küre modelinin sorgulanması gerektiğini göstermektedir. Yeryüzünün düz ve disk şeklinde olduğu, küre olmadığının diğer bir ispatı ise Ekvator çizgisinden kuzeye gidildikçe enlemlerin kısalması ancak güneye gidildikçe enlemlerin uzamasıdır. Küre modelinde Ekvator çizgisinden güneye de kuzeye de gidildikçe ekvator çizgisine aynı mesafedeki enlemlerin uzunlukları aynı olacaktır. Ancak disk modelinde kuzeye gidildikçe enlemler kısalırken güneye gidildikçe enlemler uzayacaktır (Şekil 12 ve 22). Bu iki yöntemle yeryüzünün küre değil disk şeklinde düz bir yüzeye sahip olduğu ispatlanabilecektir inşallah. Sahi Büyük Ayı Takımyıldızı'nın yeri niçin değişmiyor? Dünya dönüyor ise Büyük Ayı Takımyıldızı'nın yeri gece boyu değişmesi gerekmez mi?